Stephanie Klug
Border Collies im Fokus - das erste Jahr

Stephanie Klug

Border Collies im Fokus – das erste Jahr

Rediroma-Verlag

Bibliografische Information der Deutschen Nationalbibliothek:
Die Deutsche Nationalbibliothek verzeichnet diese Publikation in der Deutschen Nationalbibliografie; detaillierte bibliografische Daten sind im Internet über http://portal.dnb.de abrufbar.

ISBN 978-3-98527-839-8

Lektorat: Jennifer Trautmann

www.rediroma-verlag.de
9,95 Euro (D)

Inhalt

Vorwort

Dies ist ein Ratgeber für Menschen, die beabsichtigen, einen Border-Collie-Welpen anzuschaffen oder die bereits im Besitz eines solchen sind. Sicher kann man verschiedene Trainingsansätze und Informationen auch auf Welpen anderer Rassen übertragen. Meine größte Erfahrung beruht allerdings auf diesen einzigartigen Hütehunden und somit ist dieses Buch ein rassespezifischer Ratgeber.

Es gibt viele Bücher, die sich mit Border Collies beschäftigen. Sie erzählen deren Geschichte sowie ihre einzigartige Arbeitsweise und Verwendung, meist gekoppelt mit Erziehungshilfen, Trainingstipps und Auslastungsmöglichkeiten.

In diesem Buch möchte ich in erster Linie auf einige Problematiken eingehen, die explizit im ersten Jahr entstehen können, wie man sie vermeidet und wie man ihnen am besten begegnet, falls es doch zu Problemen kommen sollte.

Meine Geschichte

Als 1980 eine ausgesetzte, sehr ängstliche Border-Collie-Hündin nach endlosen Diskussionen mit meinen Eltern bei uns einziehen durfte, konnte ich mein Glück kaum fassen. Ich war als Kind schon total Hunde-affin, aber durch die Selbständigkeit meiner Eltern war es mir immer verwehrt geblieben, einen eigenen Hund zu haben. Mit dem Einzug von „Tüffel" begann ein aufregender, sehr lehrreicher Weg, der mich als Jugendliche sehr prägte und dem ich heute mein Tun zu verdanken habe.

Nachdem „Tüffel" nach und nach ihre Ängstlichkeit gegen Vertrauen tauschte, wurde sie rasch Mittelpunkt meines Lebens und der meiner Familie. Ich bin so dankbar, dass sich unsere Wege kreuzten und mich zu dem Border-Collie-Fan gemacht haben, der ich heute bin.

Natürlich blieb es über all die Jahre nicht bei dem einen Hund. In den letzten 40 Jahren kamen noch andere tolle Hunde-Persönlichkeiten dazu und es war jedes Mal schön zu sehen, wie sie sich entwickelten und welche Fähigkeiten sie hatten.

In meiner kleinen Hundeschule, die ich in Bayern betrieb, konnte ich mein Wissen an viele Schüler weitergeben. Egal ob Unterordnung, Agility, Dog-

Frisbee oder Dogdancing – es war für jeden etwas dabei.

Des Weiteren hatten wir einen kleinen Showact (Hundefußball), den wir von 2002 bis 2015 auf kleinen und großen Hunde- und Pferdeshows im In- und Ausland darboten und dadurch auch in einigen TV-Shows eingeladen waren. Es war eine schöne, aufregende Erfahrung, auch in diese Nische blicken zu dürfen.

Warum gibt es diesen Ratgeber?

Parallel zur Hundeausbildung führte mich der Weg auch zur Hundezucht (VDH/CfbrH), welche ich seit 1995 mit großer Passion betreibe.

All die vielen Gespräche, die ich mit meinen neuen Welpenbesitzern, den Welpeninteressenten sowie den Familien, die schon lange Hunde von mir haben, geführt habe (sei es persönlich, am Telefon, per E-Mail und zu allen Tageszeiten), brachten mich dazu, diesen Ratgeber zu schreiben.

Diese Tipps und Ratschläge, die ich als wichtig erachte und die aus jahrelanger Erfahrung resultieren, habe ich hier kompakt zusammengefasst und hoffe, so auch andere Hundehalter unterstützen zu können, denn ich bin der Meinung:

Hat man einen kognitiv intelligenten Hund, muss man mit allerlei Ideen seinerseits rechnen und bei unerwünschtem Verhalten mindestens ebenso intelligent dagegenhalten können! Deshalb sind hier einige mögliche Schwierigkeiten aufgeführt, die auftreten können, wie man sie im besten Falle vermeidet und wie man sie eliminiert, falls es doch passiert.

Die Informationen zur Rasse vor der Anschaffung

Leider erlebe ich oft, dass Menschen sich Hunde anschaffen, sich aber im Vorfeld sehr wenig informieren. Weder über die Rasse und deren ursprüngliche Verwendung und Ansprüche, noch darüber, wie man einen Hund/Welpen führt, ausbildet, artgerecht hält und richtig füttert. Das ist aber unbedingt nötig, um für beide Seiten eine optimale Ausgangsbasis zu schaffen.

Welcher Hund passt zu mir und welchen Anspruch hat dieser an seinen Menschen und sein zukünftiges Zuhause? Es ist schwierig, das anhand von oberflächlichen Rassebeschreibungen herauszufinden, ohne die Hunde selbst und rassekundige Menschen getroffen zu haben.

Als Border-Collie-Züchterin kann ich ein Lied davon singen, mit welchen Vorstellungen ein solcher Hund oft angeschafft werden soll. Meist ist noch nicht einmal eine Internetrecherche geschehen. Einzig und allein, weil man zum Beispiel einmal in Schottland Urlaub gemacht und diese Hunde auf Farmen gesehen hat, muss es nun ein solcher sein. Oder weil er nicht so groß wird oder nicht ganz so langhaarig ist wie „Lassie“. Da wird es dann schwierig, sich vorzustellen, einen seiner Schützlinge in solch unerfahrene, unwissende Hände zu geben.

Es gibt viele Hundeschulen und Trainer, die diese Beratungen anbieten. Und es ist sehr sinnvoll, mit Züchtern zu sprechen. Sogenannte „ Dogforen“ halte ich für unangemessen.

Ein weiteres wichtiges Thema ist die richtige Auslastung des Hundes und deren Balance.

In dem Falle der Unterbeschäftigung kann der Hund selbständig Verhaltensmuster entwickeln, die aus verschiedenen Gründen (wie die Beeinträchtigung der Gesundheit und schlechte Abrufbarkeit) nicht erwünscht sind. Hierzu gehören zum Beispiel das Hüten von Gegenständen, Schatten, Autos, Kindern etc.

Genauso ist aber die extreme körperliche Auslastung – wie häufig angenommen wird – nicht ausreichend, um seinem kompletten Anspruch gerecht zu werden. Zu viel davon (und vor allem unkontrolliert) kann sogar kontraproduktiv sein. Das soll nicht heißen, dass man nicht spazieren gehen soll. Es geht eher darum, die körperliche Auslastung im angemessenen Rahmen zu halten.

Oft fühlen sich Besitzer unter Druck gesetzt, dem Hund gerecht zu werden. Es gibt Hundehalter, die nur mit einem Ball spazieren gehen, der immer mal wieder geworfen wird. Was zur Folge hat, dass der Hund den Spaziergang als solchen gar nicht mehr wahrnimmt, sondern an jeder Wiese seinen Besitzer anstarrt in der Erwartung, dass er endlich wieder den Ball wirft – was er in der Regel früher oder später auch tut. Dann kann man eigentlich direkt daheimbleiben.

Spaziergänge finde ich persönlich eine wunderbare Sache. Es gibt viele fremde Gerüche, unterschiedliche Landschaftsstrukturen, es sind soziale Kontakte möglich und man ist an der frischen Luft.

Ich finde es extrem angenehm, wenn der Hund sich entspannt und seine Umwelt in vollen Zügen wahrnimmt. Wenn man möchte, kann man immer kleine Übungen einbauen. Beispielsweise kann man den Hund über einen Baumstamm balancieren lassen oder ihn um einen Baum einmal rechts- und einmal linksherum schicken. Man kann sich verstecken und vom Hund suchen lassen. Somit ist man nicht außen vor und der Hund achtet besser auf seinen Menschen, weil er ja nicht weiß, ob oder wann wieder eine Übung kommt.

Im ersten Jahr ist es entscheidend, ihn in Ruhe aufwachsen zu lassen. Beginnend mit dem Welpenalter ist es wichtig, nur kurze Sequenzen am Stück zu laufen. So sind z. B. 20 Minuten bei einem neun Wochen alten Welpen genug.

Wanderungen, Radfahren, Joggen, Reitbegleitung und Ähnliches sollte keinesfalls vor Vollendung des ersten Lebensjahres und stets nach vorsichtig gesteigertem Training stattfinden. Die Gelenke des Hundes sind noch nicht fertig entwickelt und bei übermäßiger kontinuierlicher Belastung können Spätfolgen wie zum Beispiel Arthrose oder andere schmerzhafte Erkrankungen entstehen. Ich empfehle ebenfalls keine wilden Apportierspiele, keine reizüberflutenden Events und ihn nie über alle Maße zu puschen.

Spielen Sie nie, bis er schon völlig über die Uhr ist. Das ist ein oft missachteter, aber wichtiger Punkt, wenn Kinder im Haushalt leben. Überdreht man den Welpen/Junghund häufig, entlädt sich wieder der Hormoncocktail im Kopf und er ist durch das wilde Spiel wie „berauscht“. Er kann schwer wieder beruhigt werden, weil das Hormon ihn daran hindert. Oft lässt sich der Mensch dann darauf ein weiterzuspielen, weil der Kleine ja offensichtlich noch nicht genug hat.

Fakt ist aber, dass er bereits gar nicht mehr aufhören kann. Lernt er dieses Vorgehen von klein auf kennen, wird er das “Berauschen“ immer wieder herausfordern und es kommt zum typischen Teufelskreis. Das Adrenalin wirkt auf das zentrale Nervensystem. Die Gefahr ist, dass bei dem positiven Effekt der Drang der Wiederholung bis hin zur Abhängigkeit geht. Der Adrenalin-Junkie ist geboren.

Genau DAS wollen wir nicht. Ständig unter Strom zu stehen, macht auf Dauer krank – das ist bei Hunden gleich wie beim Menschen. Adrenalin ist ein Stresshormon, das sich sehr langsam im Körper abbaut und das Immunsystem schwächt. Darin liegt die größte Verantwortung der neuen Welpen-Familie: die Auslastung im richtigen Maße zu dosieren.

Futtermodelle

Die Fütterung ist ebenfalls ein umfangreiches Thema und man muss vorher gut informiert sein, da es unterschiedliche Fütterungsmodelle gibt und ein Welpe einen anderen Tagesbedarf hat als ein erwachsener Hund.

Man kann den Hund beispielsweise mit Trockenfutter, Dosenfutter oder mit BARF (biologisch artgerechte Rohfütterung) ernähren. Alle drei Möglichkeiten haben Vor- und Nachteile.

Trockenfutter ist im Handling für den Menschen sicher das Unkomplizierteste, da man es ohne zu kühlen überallhin mitnehmen und unproblematisch portionieren kann. Es ist durch das Herstellungsverfahren in allen Einzelheiten so zerlegt, dass die Flüssigkeit durch hohen technischen Aufwand entzogen werden konnte. Es müssen etliche Vitamine und Mineralien wieder künstlich hinzugefügt werden, die durch den Herstellungsprozess zerstört wurden.

Meist ist es durch Getreide gestreckt und die Hunde können deshalb Allergien entwickeln. Unbedingt muss dem Hund stets Wasser zur Verfügung stehen, um die gepressten Kroketten aufzuquellen und sie verdaubar zu machen. Man könnte das Futter auch einige Stunden vorher einweichen.

Der Vorteil ist, dass der Hund gleich genug Wasser zu sich nimmt. Allerdings ist dann keinen „Zahnputz-Effekt“ vorhanden, weil die Krokette weich geworden ist.

Bekommt er zur trockenen Krokette kein Wasser, kann das schnell auch zu gesundheitlichen Problemen führen. Bei der Fütterung mit Trockenfutter ist der Kotabsatz deutlich höher als bei den anderen Fütterungsarten. Das deutet darauf hin, dass der Hund viele Inhaltsstoffe gar nicht verwerten kann und diese ihn ungenutzt wieder verlassen.

Die Alternative Dosenfutter bekommt man inzwischen in einer unglaublichen Vielfalt und wenn man mal von den Supermarkt-Sorten absieht, gibt es durchaus qualitativ hochwertiges Dosenfutter. Je höher der Fleischanteil (60 Prozent aufwärts), desto besser für den Vierbeiner. Wichtig ist, dass alles drin ist an pflanzlichen Komponenten und Kohlehydraten.

Der Vorteil liegt sicher im schonenderen Herstellungsverfahren und darin, dass hier keine Feuchtigkeit entzogen wurde. Wenn man es auf Reisen füttern möchte, dann sollten angebrochene Dosen stets gekühlt werden. Allerdings gibt es auch verschiedene Dosengrößen, sodass man für den Urlaub am besten einfach mehrere kleine Dosen einpackt. Der Hund hat mit dieser Fütterungsform keinerlei Arbeit für sein gut ausgestattetes Gebiss.

BARF ist sicher die aufwendigste, aber qualitativ hochwertigste Fütterungsmethode, da man alle Zutaten (frisches Fleisch, Knochen, Gemüse, Obst, kohlehydratreiche Komponenten, Öle, Mineralien und andere Zusätze) selbst in den Napf gibt, nachdem man alle Zutaten, abgewogen, geschnitten und püriert hat.

Es gibt täglich eine andere Zusammenstellung, um den wöchentlichen Bedarf optimal abzudecken. Einen eigenen Speiseplan quasi, den man sich von einem Ernährungsberater genau auf den Hund erstellen lässt. Es wird das Alter, die Rasse und die Aktivität berücksichtigt.

Diese Methode ist sicher die gesündeste, weil man alle Zutaten frisch zubereitet und idealerweise individuell für den Hund anpasst. Schwierig ist es auf Reisen, da man das Fleisch nicht für mehrere Tage oder Wochen kühlen kann und die vielen Zutaten viel Platz benötigen. Leider kommt es auch vor, dass Hunde das rohe Fleisch nicht gut vertragen. Alternativ gibt es auch eine BARF-Variante mit gekochtem Fleisch. Ebenfalls kann man schon „BARF to go“ im Tierbedarf kaufen. Das ist ein fertig zusammengestelltes Produkt, das der frischen Variante nachempfunden ist, aber durch schonendes Verfahren haltbar gemacht wurde.

Mischen würde ich persönlich die Fütterungsvarianten untereinander nicht, da sich der Salzsäuregehalt des Magensaftes anpasst und man dem Hund somit die Verdauung nur erschweren würde. Deshalb sollte man auch nie sprunghaft das Futter wechseln.

Sollte man einen Welpen anschaffen, empfiehlt sich erst einmal, das ihm bereits bekannte Futter zu übernehmen, um den Welpen nicht noch mit einer Futterumstellung unnötig zu stressen (vorausgesetzt, es ist alters- und qualitätsbedingt passend). In unserem Falle handelt es sich um einen agilen, spritzigen Hütehund, den man idealerweise nicht noch mit zu energiereichem Futter versorgen sollte – natürlich immer angepasst an seine Aktivitäten. Oft wird für Border Collies ein extra energiereiches Futter angeboten. Ein Hund, der regelmäßig trainiert wird und häufig Turniere bestreitet ist, damit sicher sehr gut versorgt. Die Hunde, die weniger leisten, brauchen das nicht.

Ohne all diese umfassende Aufklärung über Haltung, Auslastung, Fütterung kann der Border Collie schnell zu einer verhaltensgestörten Nervensäge mutieren. Deshalb sollte man sich umfangreich informieren, bevor man sich diesen Hund anschafft.

Der Einzug

Im besten Fall sollte der Welpe so früh am Tag wie möglich in sein neues Zuhause gebracht werden. So bleibt ihm genügend Zeit, sich zu orientieren und schon die ersten Wiederholungen zum Löseplatz in den Garten oder zu anderen Grünflächen absolviert zu haben, bevor die erste Nacht ansteht. Das Autofahren und die Inspektion des neuen Zuhauses werden ihn schwer beeindrucken.

Geben Sie dem Welpen nach Ankunft die Möglichkeit, sich zu lösen, bevor Sie ihn mit nach drinnen nehmen.
Tragen Sie ihn zu einer geeigneten Stelle und loben Sie ihn ruhig, wenn es geklappt hat. Dann zeigen Sie ihm seine Räumlichkeiten. Wenn er Ihnen nicht ins Haus folgen will, nehmen Sie ihn gerne auf den Arm und tragen ihn hinein.

Seien Sie entspannt und ruhig. Laufen Sie ihm nicht auf Schritt und Tritt nach. Er sollte wissen. wo seine Wasserschüssel steht, damit er den Platz kennt, an dem er seinen Durst stillen kann. Er muss aber nicht unbedingt am ersten Tag alle Räume kennenlernen.

Ganz wichtig ist: Schließen Sie den Welpen niemals räumlich aus! Er muss sich gerade neu orientieren und versucht, sich Ihnen anzuschließen und das wollen wir unbedingt erreichen. Sie sind jetzt sein neues Rudel und dem will er unbedingt eng verbunden sein. Gerade in den ersten Tagen ist es sehr wichtig, ihm das bedingungslos zu bieten, um Bindung und Vertrautheit herzustellen. Mit dem Training zum Alleinbleiben beginnt man erst, wenn er Ihnen vertraut und Haus und Garten verinnerlicht hat. Hierzu gibt es ein eigenes Kapitel.

Er wird nach den ersten Eindrücken irgendwo (meistens nicht im vorgesehenen neuen Hundebettchen) schlafend umfallen. Das ist völlig normal und er sollte dabei auch nie gestört werden. Welpen verarbeiten neue Eindrücke immer im Schlaf.

Wenn er wach wird, bringen Sie ihn völlig unaufgeregt nach draußen. Welpen müssen sich sofort nach dem Wachwerden lösen. Verrichtet er es draußen, loben sie ihn wieder ruhig.

Einer neuen Erkundungstour im Garten steht nun nichts im Weg. Es wird zwei bis drei Tage dauern, bis er alles einmal räumlich erfasst hat und ohne Scheu durch Haus und Garten flitzt.

Es ist ratsam, den Tag des Einzuges so ruhig wie möglich zu gestalten, um den Welpen nicht unnötig zu stressen. Besprechen Sie das mit allen Familienmitgliedern. Vor allem Kinder sind bei so einem Ereignis immer sehr aufgeregt.

Die erste Nacht

Sicher haben Sie sich über die Möglichkeiten der Unterbringung des Welpen im Vorfeld Gedanken gemacht. Er sollte unbedingt in unmittelbarer Nähe zu Ihnen schlafen. Da gibt es die Möglichkeit, ihn z. B. in einer großen Box unterzubringen. Das hat den Vorteil, dass Sie es mitbekommen, wenn er nach ein paar Stunden wach und unruhig wird. Sie können ihn dann ohne großes Hallo herausnehmen und an die Lösestelle tragen. Dann geht es ohne weitere Ausflüge wieder direkt zurück. Mag sein, dass er damit anfangs nicht unbedingt einverstanden ist und etwas herumjammert. Bleiben Sie entspannt, aber hartnäckig.

Es empfiehlt sich, dass er die Box am Tage der Ankunft bereits positiv kennenlernt – als Möbelstück im Wohnbereich einladend mit einer Decke aufgestellt. Und wenn er sich traut, kann man direkt seine Mahlzeiten darin füttern. Machen Sie aber die Tür nicht zu, falls er seinen Mut doch überschätzt hat und panisch reagiert. Das würde die schlechteste Verbindung zur Box herstellen.

Viele Züchter machen bereits Boxentraining. Das käme Ihnen hierbei zugute. Wenn nicht, dann wird das Ihre Aufgabe. Je häufiger er am Ankunftstag selbständig hineingeht, desto eher wird er sie in der

Nacht als Schlafplatz akzeptieren. Man kann dazu immer wieder ein paar Leckerchen hineinlegen. Die Türe der Box bleibt aber unbedingt offen.

Zur Nachtruhe empfiehlt es sich dann, gemeinsam zu Bett zu gehen, nachdem er sich draußen noch einmal lösen konnte. Die offene Box kann dabei als Rückzugsort fungieren. Je begrenzter der Raum um ihn herum ist, desto größer die Chance, dass er sich meldet, wenn er mal hinaus muss.

Sicher ist er von dem Umzugstag sehr ermattet und gibt sich der Situation hin und schläft schnell ein. Meldet sich der Welpe nach einigen Stunden, nehmen Sie ihn auf den Arm (würde man ihn laufen lassen, stünden die Chancen schlecht, dass er es bis draußen halten kann) und tragen ihn ruhig zum Lösen nach draußen an die Stelle, die Sie ihm schon tagsüber als Löseplatz angeboten hatten. Danach geht es zum Weiterschlafen wieder in den Schlafbereich zurück. Lassen Sie sich auf keine Spielchen ein. Es würde danach schwierig werden, ihn wieder zum Schlafen zu überreden.

Nach einigen Nächten pendelt sich das ein und irgendwann wird er auch die ganze Nacht durchschlafen.

Wenn er sich nachts schlecht überreden lässt, Ruhe zu geben, kann man mal den Arm aus dem Bett heraushängen lassen, damit er merkt, dass noch jemand da ist. Wenn alles nichts hilft, dann einfach noch mal fünf bis zehn Minuten investieren und sich zu ihm setzen, bis er sich beruhigt hat. Jeder Welpe verhält sich anders, da jeder den Stress anders kompensiert. Der eine ist ganz ermattet und schläft viel und der andere ist eher rastlos und aufgekratzt.

Die erste Begegnung mit anderen Haustieren

Sollte der bereits vorhandene Hund anderen Hunden/Welpen stets freundlich und aufgeschlossen gegenübertreten, kann man sich vorsichtig trauen, diese Begegnung im eingezäunten Garten stattfinden zulassen. Räumen Sie hierzu alle Spielzeuge, Kauknochen etc. weg, um so eine Ressourcenverteidigung des älteren Hundes zu vermeiden. Der Welpe wird spielerisch das vorhandene Spielzeug benutzen und es kann sofort zu Konflikten kommen, sollte der ältere Hund diese für sich beanspruchen, weil sie ursprünglich auch für ihn bestimmt waren. Ähnlich sollten Sie auch beim Füttern vorgehen. Jeder in einer anderen Ecke, da der Kleine ganz sicher den Kopf auch in den anderen Napf stecken möchte. Es muss erst gelernt werden, dass man nur sein eigenes Futter zur Verfügung hat. Man muss dabei stets ein Auge auf die Hunde haben. Sollte der erwachsene Hund den Kleinen gleich in den ersten Tagen hart maßregeln wegen Futter oder Spielzeug, wäre das kein guter Start. Hier ist der Mensch gefragt, solche Übergriffe zu verhindern.

Bei Katzen ist das ein wenig anders gelagert, da sie doch eine andere Körpersprache sprechen, anders riechen und andere Laute von sich geben.

Sie kennen Ihre Katze am allerbesten und wissen, ob sie eher schüchtern, frech oder gar angriffslustig gegenüber Hunden reagieren wird. Der mir wichtigste Punkt bei der Zusammenführung wäre, für die Katze immer einen Rückzugsort zu schaffen und ihr Futter an einen Platz zu stellen, der für den Welpen nicht zugänglich ist. Katzenfutter hat eine ungünstige Zusammensetzung für Hunde und sollte nicht verfüttert werden. Auch der Zugang zum Katzenklo sollte dem Welpen/Hund aus hygienischer Sicht nicht möglich sein.

Wenn Sie sich nicht sicher sind, wie die vorhandenen Tiere auf den neuen Schützling reagieren, kann man den ersten Kontakt auch über ein Treppengitter/Kinderschutzgitter, welches in den Türrahmen geklemmt wird, probieren. Man sollte immer behutsam vorgehen, da es ja ohnehin zu Anfang sehr stressig ist und eine erste negative Erfahrung mit eventueller Verletzung eine äußerst schlechte Ausgangssituation darstellen würde.

Die ersten Tage

Die nächsten Tage sind nun wichtig, um den Welpen ruhig und entspannt ankommen zulassen und ihm Sicherheit und Vertrauen zu vermitteln. Natürlich führt man Regie und leitet ihn an, was erlaubt ist und was nicht.

Wie geht das?
Wenn der Welpe z. B. Dinge benagt, die Ihnen heilig sind und die Sie für diese Zeit nicht wegräumen können, dann lenkt man das Interesse des Welpen mit einem Welpenspielzeug und einer kleinen verbalen Aufforderung auf sich. Machen Sie sichtbar in seiner Nähe einige schnelle Hin- und Herbewegungen und locken Sie ihn damit zu sich. Alles was sich bewegt, ist für den Hund interessant. Das ist das angeborene Beuteverhalten. Er versucht, das bewegte Objekt zu fangen. Freuen Sie sich, wenn es funktioniert hat.

Bugsieren Sie ihn vom eigentlichen Schauplatz weg und machen Sie ein kurzes Spiel. Bieten Sie dem Welpen alternative Dinge, die er benagen darf. Achten Sie darauf, dass es nur welpengerechte Dinge sind, niemals Stöcke oder Steine. Es gibt sogenannte Torgas-Wurzeln oder Kaffeehölzer im Fachhandel. Auch darf es mal ein kleines fettarmes Rinderohr sein.

Wenn er angekommen ist, darf man das Benagen unerwünschter Gegenstände dann auch mit einem Abbruchkommando wie zum Beispiel „Nein“ kommentieren, welches man auch etwas barscher betont (nicht aggressiv oder drohend). Aber dennoch muss dann die Umlenkung mit dem Alternativspiel erfolgen und das wird – wenn er reagiert – sofort wieder mit freundlicher Stimme kommentiert. Er lernt so, was lohnend ist und was nicht. Wie mit allen Umsetzungen ist es auch hier wieder so: Je schneller Sie reagieren und je klarer, desto schneller wird der Welpe es verstehen.

Generell gilt: Der Hund lernt durch Wiederholungen und Verknüpfungen. Wenn man dieses Lernschema kennt, ist es einfacher zu verstehen, warum es auch schnell zum Erfolg oder eben auch zum Misserfolg führen kann.
Das zeigt auch auf, dass es für den Hund viel einfacher und zielführender ist, wenn innerhalb der Familie die Übungen und Kommandos identisch ausgeführt werden.

Was bietet man dem Welpen/Junghund, um ihn auszulasten?

Der Welpe/Junghund darf und soll im ersten Jahr viele positive Erlebnisse mit seinem Menschen haben und die Ausbildungsbasics als Grundstock erlernen, um zu einem zuverlässigen, sicheren Begleiter zu werden. Darauf sollte das Augenmerk liegen.

Wenn der Welpe nach ein paar ruhigen Tagen im neuen Zuhause (sehr wichtig, um sich an die neuen Menschen und neue Räumlichkeiten zu gewöhnen), täglich kleine Ausflüge geboten bekommt und diese vom Reiz her steigert, wird er auch psychisch ausgelastet. Der Reiz wird auch Stimulus genannt. Es sind Umweltkonstellationen, die auf das Verhalten und auf das Erleben einwirken können, sofern sie durch die Sinnesorgane aufgenommen werden.

All diese Erlebnisse beeindrucken den Welpen und müssen verarbeitet werden. Das tun sie im Schlaf. Achten Sie darauf, dass er nach einem solchen Ausflug genug Ruhe bekommt, damit die neuronalen und hormonellen Regelkreise wieder in Balance kommen können. Sollte er diese Ruhephasen nicht haben, kommt es zu nicht bewältigten Stresssituationen. Das kann dazu führen, dass Cortisol ausgeschüttet wird. Das Stresshormon würde über lange

Sicht das Immunsystem schwächen. Auch wirkt es sich negativ auf das Lernverhalten aus.

Schöne Erlebnisse zum Start sind z. B. Besuche bei verschiedenen Weidetieren und eventuell Geflügel. Aber Vorsicht den Stromzäunen, damit aus diesen Besuchen keine negative Erfahrung werden. Besuche im Biergartenbesuche sind dann schon mit höherer Reizfrequenz, ebenso der Spaziergang über einen Marktplatz. Mal ein Geschäft zu betreten, eine Fahrt mit der Straßenbahn und dem öffentlichen Bus zu machen oder auch ein Besuch im Tierpark sind Abenteuer mit all den Gerüchen (mit dem Hütehund generell kein Problem, bei Jagdhunden kann man damit leicht das Interesse am Beutetier wecken). Menschen, die Inlineskater anhaben, bewegen sich ganz anders als Spaziergänger und ebenso kann er jemanden, der Nordic Walking betreibt, auch erst mal seltsam finden.

Generell gilt, den Hund stets gut zu beobachten und wenn man merkt, dass er überfordert ist, ihn auch wieder aus der Situation zu nehmen. Zwingen Sie ihn nicht, nah heranzugehen, wenn er unsicher reagiert. Er soll es erst einmal aus der sicheren Entfernung begutachten dürfen und dann versucht man mit freundlichem Zureden, ein wenig näher zu gehen. Sollte er irgendwo komplett verweigern, darf man ihn, um daran vorbeizukommen, auch gerne auf den Arm nehmen.

Manchmal finden Welpen auch Menschen mit Besonderheiten bedrohlich wie z. B. Menschen mit Hüten, Spazierstöcken, in Rollstühlen, mit Rollatoren oder
auch Personen, die hinken. Hier gilt dasselbe: erst geduldig ansehen lassen und dann freundlich einladend überreden, näher heranzugehen. Was immer sehr gut funktioniert, ist, den „erschreckenden" Menschen zu bitten, dem Hund ein paar Leckerchen zu füttern. Dann ist die Scheu schnell verloren. Je mehr gute Erlebnisse der Hund mit ihnen hat, desto enger wird das Vertrauen und die Bindung zu ihnen. Außerdem wächst dadurch auch sein Selbstbewusstsein.

Wenn all die wichtigen Umgebungssituationen schon toll klappen, kann man das Training natürlich beliebig erweitern. Je nach Wohnsituation und Abenteuerlust kann man z. B. auch einmal mit einer Gondel oder einem Sessellift fahren.

Man sollte dem Hund aber auch entspannte Auslastung bieten. Das geht wunderbar, wenn man auf dem Spaziergang z. B. kleine Leckerchen im hohen Gras verstreut, die er suchen muss. Der Hund ist ja bekanntermaßen mit einer sehr guten Nase ausgestattet und das Riechen und Schnüffeln ist ihm quasi in die Wiege gelegt. Wenn er das eine Zeitlang tut, um ans Ziel zu gelangen, ist diese Form der Beschäftigung durchaus positiv ermüdend. Deshalb kann man sie sehr gut als Beschäftigung nutzen. Das geht z. B. ganz toll mit einem Futterbeutel.

Das Futterbeuteltraining

Der Futterbeutel ist ein weiches Mäppchen aus reißfestem, strapazierfähigem Material. Es hat einen Reißverschluss, um es mit Leckerchen zu befüllen. Dieser ist zum Schutz mit einer Lasche bedeckt, welche mit einem Klettverschluss geschlossen werden kann.

Der Aufbau kann bereits im Welpenalter begonnen werden. Man befüllt den Beutel mit super Leckerchen (bitte nicht sein Trockenfutter nehmen, um das Spiel besonders zu machen). Am Anfang braucht man noch extra Leckerchen, damit das Prozedere zu Beginn mit Auf- und Zumachen des Futterbeutels nicht zu lange dauert.

Wichtig ist, anfangs den Beutel interessant zu machen. Dazu kann man ihn ein wenig hochwerfen oder in schnellen Bewegungen vor dem Hund hin- und herziehen, ihn hinter dem Rücken verstecken und ihn wieder auf der anderen Körperseite hervorholen. Als würde man ihm etwas anbieten, was er aber zunächst nicht bekommt, um seine Motivation zu erhöhen, das Objekt doch in seinen Besitz zu nehmen.

Wenn seine Aufmerksamkeit dann auf den Beutel gelenkt ist, versucht man, den Beutel in die Laufrichtung des Hundes zu kullern, um ihn zum Nachlaufen und Aufnehmen zu animieren. Sollte er das prompt machen, lobt man freudig und versucht, ihn wieder zu sich zu rufen. Sollte das gelingen, gibt es sofort die bereit gelegten Extra-Leckerchen. Natürlich kann man zu dieser Übung auch ein Geschirr und eine Schleppleine nutzen, um den Hund zu begrenzen und ihn daran zu hindern, mit dem Beutel das Weite zu suchen. Dazu stoppt man ihn sanft, spricht ihn erneut freudig an und lockt ihn noch mal zu sich. Klappt das, gibt es wieder verbales Lob und die bereitgelegten tollen Leckerchen. Das wiederholt man einige Male.

Wenn das nach zwei bis drei Tagen klappt, kann man es natürlich auch mit Kommandos belegen. Und man kann dann auch schon eine Strukturierung hinzufügen. Wenn man ihn z. B. losschickt, um den Beutel zu holen, sage ich „Hol's!".

Nachdem dies aber eigentlich der Aufbau ist, um den Beutel später zu suchen, kann man das auch direkt schon mit z. B. „Such!" betiteln. Wenn der Hund dann aufgefordert werden soll, ihn zurückzubringen, kann man „Bring's!" verwenden. Wenn all das schon zuverlässig funktioniert, kann man ihn vor dem Losschicken absitzen lassen und wenn er ihn zurückbringt, kann er den Beutel dann auch im Sitz übergeben. Das ist aber dann schon für die Fortgeschrittenen.

Nun kann man anfangen, den Beutel z. B. unter ein Kissen zu legen. Er darf zu Beginn dabei zusehen. Verwenden Sie gerne anfangs vor seinen Augen neue, einfache Verstecke, um ihm das Spiel nahezubringen. Nun können Sie, wenn er ihn zurückbringt, zum Belohnen die Leckerchen direkt aus dem Beutel fressen lassen. Natürlich nur so zwei bis drei Stück. Dann verschließen Sie den Beutel wieder und suchen ein neues Versteck.

Wenn das zwei bis drei Tage lang gut funktioniert, kann man den Futterbeutel mal verstecken, ohne dass der Hund dabei zusieht (vielleicht braucht man anfangs dazu eine zweite Person, die ihn kurz an der Startstelle festhält). Beim nächsten Mal die Übung wieder etwas leichter machen, damit er Erfolg hat und weiter motiviert bleibt.

Zwischendrin kann man auch mal die Leckerchen austauschen, um es wieder interessanter zu gestalten und man kann auch beim Zurückbringen zur Belohnung ein kurzes Zerrspiel mit dem Beutel spielen. Danach bleibt man wieder ganz still stehen, bis der Hund merkt, es ist beendet und man beginnt eine neue Runde. Dieses Spiel kann man dann beliebig drinnen sowie draußen gestalten und auch den Schwierigkeitsgrad variieren. Beispielsweise indem man beim Spaziergang kleine Einheiten einbaut oder den Beutel einfach auf dem Weg „verliert“ und den Hund wieder zur Suche zurückschickt.

Es ist eine tolle Beschäftigung, die den Hund klasse auslastet. Und man hat viele Möglichkeiten und Schwierigkeitsgrade, die je nach Altersstufe angepasst werden können.

Der Garten und seine Tücken

Es ist ein Trugschluss zu glauben, man müsse den Border Collie nur über die Bewegung zufriedenstellen. Ich höre oft: „Wir haben ja einen großen Garten".

Ein Garten ist generell großartig. Wenn man aber glaubt, der Border Collie nutzt diesen für sich, wenn mal weniger Zeit ist, sich um ihn zu kümmern, der irrt. Erfahrungsgemäß ist er lieber bei und mit seinem Menschen zusammen. Ist der Mensch im Garten, so ist der Hund dort auch gerne. Wenn man ihn zum „Bewegen" dort aber alleinlassen möchte, wird er entweder vor der Türe sitzen bleiben und warten, bis Herrchen oder Frauchen wieder aufmachen oder aber er sucht nach für ihn „sinnvollen" Beschäftigungen. Das passiert natürlich nicht beim ersten Mal. Aber auf Dauer wird es so kommen, dass er sich umsieht und reizabhängig z. B. das Patrouillieren am Gartenzaun oder das Hüten von vorbeifahrenden Autos für sich entdeckt. Es werden auch gerne Vögel von einem Baum zum nächsten gescheucht oder Passanten verbellt. All diese Handlungen kicken den Hund wieder (Hormoncocktail) und sind dadurch selbstbelohnend. Das heißt, er kann das dann auch immer allein. Er braucht den Menschen hierfür nicht. Jetzt werden einige sagen:

„Super, da wird mir doch etwas abgenommen!“ – damit sind sie aber auf dem Holzweg.

Wer einmal einen Border Collie mit solchen Verhaltensweisen gesehen hat, wird schnell feststellen, dass er damit nicht mehr aufhört. Wie oben erklärt, ist das aus gesundheitlicher Sicht ein Desaster und sollte dringend unterbunden bzw. abtrainiert werden. Noch besser: Ermöglichen Sie es dem Hund gar nicht erst durch optimale Haltung und Beschäftigung.

Ich hatte einmal einen Anruf von einem Hundehalter, der berichtete, wie leistungsstark sein Hund doch sei. Er warf eine halbe Stunde lang bei 28 Grad Frisbee und der Hund wollte dann noch nicht aufhören. Das verursacht bei mir eine … nun, nennen wir es mal gereizte Gefühlslage.

Da der Border Collie sich meist zum Perfektionisten herantrainiert, rate ich davon ab, diese selbstbelohnenden Handlungen (Ausschütten von Glückshormonen) unkontrolliert zuzulassen. All diese wiederkehrenden Aktionen können sich rasch im Verhalten etablieren und sind schwer wieder abzutrainieren. Zum anderen braucht er sie nicht, um dieses berauschende Gefühl herbeizuführen. Man kann sich vorstellen, was das mit ihm macht, wenn man ihn mal zwei Stunden allein im Garten lässt.

Nutzen Sie den Garten lieber, um sinnvoll und effizient mit dem Hund zu arbeiten oder nehmen Sie ihn wieder mit ins Haus. Wenn er gelernt hat, dass es immer strukturiert zugeht, wird er diese Ersatzbeschäftigung nicht zeigen. Deshalb ist es besser, ihn sich nicht selbst zu überlassen.

Die Suche nach der richtigen Hundeschule

Bei ganz jungen Welpen empfehle ich, sie erst nach einer guten Eingewöhnungszeit im neuen Zuhause erstmals in einer geeigneten Hundeschule mit anderen Hunden in Kontakt kommen lassen. Hier sind geschulte Trainer, die das gut beobachten und Regie führen können. Oft gibt es dort auch sozialkompetente, adulte Hunde, die den Umgang mit Welpen und Junghunden vertraut sind und über ein gutes Maß an erzieherischen Fähigkeiten verfügen. Wenn der Welpe hier regelmäßig Hundekontakt hat und auch schon mit ihnen enger zusammengewachsen ist, wird man das in den Alltag mit übernehmen. Für wichtig halte ich, dass der Mensch eben oben beschriebene Fehler vermeidet, um seinen Hund nicht unnötig in brenzlige Situationen zu bringen. Gute Begegnungen stärken hingegen das Selbstbewusstsein des Hundes und die Mensch-/Hund-Beziehung.

Der Vorabbesuch in einigen Hundeschulen in der eigenen Umgebung erachte ich als wichtig. Wie wird dort ausgebildet, wie groß sind die Gruppen und wie hoch ist die Kompetenz der Ausbilder?

Oft hilft es auch, mit Hundehaltern in der Wohngegend zu sprechen und deren Erfahrungen zu hören. Gerade wenn man noch nie einen Hund hatte, ist man nicht in der Lage abzuwägen, was gut oder weniger gut für einen Hund ist. Und man muss sich 100 Prozent darauf verlassen können, dass der zukünftige Trainer auch eine qualitativ gute Ausbildungsmethode vermittelt.

Ich bevorzuge eine Ausbildung durch positive Bestärkung. Das bedeutet: Man tut etwas häufiger, weil man etwas Angenehmes dafür bekommt. Zum Beispiel: Der Welpe setzt sich und bekommt dafür ein Leckerchen und wird gelobt. Die Folge ist: Er setzt sich in Zukunft häufiger.

Wenn der Hund das Schema erkannt hat, wird er sich in der Regel stets anbieten, etwas für Sie zu tun. Beim Border Collie geschieht das sehr schnell, da er erstens ein großer Teamarbeiter ist, zweitens stets gefallen will und drittens große Freude am Lernen hat.

Das Alleinbleiben

Um dem Hund das Alleinbleiben nicht schwer zu machen, muss man es genauso üben wie alle anderen Dinge auch, die einem wichtig sind. Nach dem Einzug sollte erst darauf geachtet werden, Vertrauen und eine gute Bindung zu seinem Schützling aufzubauen, da wäre eine räumliche Trennung unter Umständen angsteinflößend.

Es wäre falsch, gleich am zweiten oder dritten Tag mit dem Alleinbleiben anzufangen. Der Hund ist ein Rudeltier und es liegt nicht in seiner Natur, allein zurückzubleiben. Er hat kurz vorher schon mal seine wichtigsten Menschen und Rudelmitglieder verloren. Deshalb fängt man erst damit an, wenn er sich gut eingelebt hat und den Alltag im neuen Zuhause entspannt bewältigt.

Wenn man von einem kleinen Spaziergang zurückkommt oder auf Erlebnistour war und der Hund schon die erste Energie verpulvert hat, kann man ihn mit einer leckeren Kaubeschäftigung in einem ihm gut bekannten Raum für zwei bis drei Minuten allein lassen, beispielsweise mit einem Futterball, einem gefüllten Kong, einem Rinderohr oder ähnlichem.

Wichtig ist, daraus keine große Sache zu machen. Ebenfalls beim Zurückkommen komplett ignorieren, als würde es gar nicht um den Hund gehen. Ganz wichtig ist allerdings, nicht zurückzukehren, sollte der Hund jammern oder bellen. Dann wartet man einen ruhigen Moment ab. Sonst verknüpft der Hund „Wenn ich jammere, kommt das Herrchen sofort wieder zurück“. Wenn man zurückkommt, ignoriert man den Hund so lange, bis er sich ruhig verhält bzw. er sich seinem Kauartikel widmet. Dann kann man zu ihm hingehen und ihn ruhig loben.

Je mehr ich gleich lobe und/oder ihn vorher verbal verabschiede und damit eine künstlich aufgeregte Situation herstelle, um so naheliegender ist es, dass der Hund der Situation Gewicht verleiht und sich nur auf die Verabschiedung und aufs Wiederkommen fokussiert und dadurch dazwischen nicht entspannt. Das kann sich dann auf verschiedene Weise z. B. mit Ungeduld, Unmut, Ängstlichkeit, zeigen und er quittiert dann die Zeitspanne, die er allein bleiben soll, mit Bellen, Jaulen, an Türen oder Wänden kratzen, starkem Hecheln und/oder Sabbern, Zerstören der Einrichtung oder hektischem Herumlaufen.

Das Jammern, Winseln, Sabbern und Hecheln sind eher der Verlustangst zu zuschreiben. Der Mensch (Rudelführer) vermittelt ihm Sicherheit und wenn dieser plötzlich den Raum verlässt, erschüttert das das Urvertrauen. Wenn man das beim Welpen im Minutentakt auftrainiert und sich an die oben beschriebenen Punkte hält, ist es aber eher unwahrscheinlich, dass das passiert. Bei einem älteren Hund, der dieses Problem bereits hat, kann das allerdings ein langfristiges Training bedeuten.

Die Zerstörung in Abwesenheit, an Wänden und Türen kratzen und unruhiges Herumgetrappe sind eher ein Zeichen des Kontrollverlustes. Es kommt sehr auf den Typ Hund an und in welcher Beziehung ihr zueinander steht, was er bereits an Training und Erziehung gelernt hat, wie er die Verbindung zu seinem Menschen sieht. Bei Kontrollverlust kann der Hund seinem Menschen nicht folgen und die Trennung macht ihn eher sauer, weil er sonst überallhin mitdarf z. B. auch aufs WC. Er hat nicht gelernt, auch mal für kurze Zeit räumlich getrennt zu sein und er verliert quasi die Kontrolle über das, was ohne ihn geschieht.

Deshalb ist es wichtig, das vom Welpenalter an (wenn gut eingelebt) in kleinen Schritten und in optimaler Weise zu üben.

Bekommt man einen älteren Hund, dauert es in der Regel länger, bis die Bindung und Vertrauen hergestellt ist. Das Training ist das gleiche wie beim Welpen. Vorher gut auslasten und dann mit einer Kaubeschäftigung auf seinen zu gewiesenen Platz (Korb oder Decke) bringen. Dann ohne Verabschiedung den Raum kurz verlassen. Wenn alles ruhig bleibt, kann man wieder zu ihm zurückgehen, ohne ihm Aufmerksamkeit zu schenken. Ist er vom Platz aufgestanden, bringe ich ihn ohne Kommentar wieder auf seinen Platz zurück. Dann wiederholt man die Übung. Bleibt der Hund auf seinem Platz liegen, dann lege ich ihm zwei bis drei Leckerchen im Vorbeigehen zwischen die Vorderpfoten und verlasse wieder den Raum. Das kann man vier- bis fünfmal wiederholen und dann über die nächsten Tage auch langsam zeitlich steigern. Nach wie vor gilt: keine verbalen Bekundungen.

Eine weitere Fehlerquelle wäre auch, ihn schon beim Eintreten anzuschauen und ohne, dass man etwas sagt, mit freudigem Gesicht und wohltuend nickend auf den Hund zuzugehen. Das ist bereits eine Aufmerksamkeit und kann reichen, dass der Hund sich angesprochen fühlt. Überprüfen Sie sich selbst. Treten Sie entschlossen und überzeugt auf, um körpersprachlich keine Zweifel zu signalisieren: Schultern zurück, Kopf hoch und mit festem Schritt den Raum verlassen und später wieder betreten.

Warum tickt der Border Collie anders als andere Hunde?

Es ist nachgewiesen, dass Border Collies einen höheren Dopaminspiegel haben als andere Hüte- und Jagdhunde. Dopamin spielt eine wichtige Rolle im limbischen System. Es ein Neurotransmitter und ist an der Entstehung von Emotionen wie z. B. Freude beteiligt. Es nimmt positiv Einfluss auf das Lernverhalten, die Motorik und das endogene Belohnungssystem, erhöht aber auch gleichzeitig die Angstbereitschaft.

Das heißt im übertragenen Sinne, dass es durch das höhere Dopamin (Glückshormon) im Körper möglich ist, schneller zu begreifen und umzusetzen. Aber es ermöglicht auch, selbstbelohnende Handlungen auszuführen. Selbstbelohnende Handlungen sind zum Beispiel das Fixieren von bewegenden Objekten, eine typische Eigenschaft des Border Collies.

Das Fixieren ist eine Sequenz aus dem Jagdverhalten der Wölfe und wurde durch den Menschen so gezielt selektiert, dass das Verhalten immer stärker in der Nachzucht in Erscheinung trat. Der Mensch machte sich das zunutze, um Herdentiere durch den Hund so unter Kontrolle zu halten.

Orten, Fixieren, Anschleichen, Hetzen und Packen sind die Jagdabläufe der Wölfe. Fixieren und Anschleichen wurden verstärkt herausgezüchtet. Man bekam einen lernbereiten, aktiven Hütehund. Durch seine schnelle Auffassungsgabe kann der Schäfer ihn in alle Richtungen aussenden, um die zu hütenden Weidetiere in die gewünschte Position zu lenken.
Hinzu kommt die Möglichkeit, den Körper schnell mit Adrenalin zu versorgen. Das lässt ihn in Kürze Höchstleistungen erbringen.

Der Border Collie besitzt also ein komplexes Gesamtwerk an Eigenschaften, die für seine Verwendung als Hütehund ideal sind.

Mit diesem Hintergrundwissen kann man auch verstehen, warum es immer wieder zu Problemen kommen kann, da nicht jedermann den Hund zu dieser Verwendung einsetzt.

Wer aber einen solchen intelligenten Hund besitzt, der ist in Sachen Erziehung und Beschäftigung überdurchschnittlich gefordert.

Da die Beliebtheit der Rasse in den letzten Jahren rasant gestiegen ist, aber die Verwendung des Hundes in den wenigsten Fällen noch die Arbeit am Vieh erfordert, hat man wiederum durch Selektion den starken Arbeiter in einen mehr oder weniger familientauglichen Hund gewandelt.

Natürlich gibt es nach wie vor den ursprünglichen Arbeitshund und es ist eine Augenweide, ihn in seinem Element arbeiten zu sehen. Es gibt Verfechter auf beiden Seiten. Wer den Arbeitstyp bevorzugt, versteht nicht, warum man aus dem unermüdlichen Teamarbeiter mit hohem Trieb eine Art „abgespecktes“ Modell kreiert, welches auch optisch nur noch wenig mit dem eigentlichen Athleten gemein hat.

Ich persönlich hatte beide Typen von Border Collies und habe mich langfristig für den Show Border Collie entschieden. Das liegt am „Verwendungszweck“. Es gab nie Schafe oder ähnliche Tiere in meinem Leben, sodass ich dem Arbeiter nur mit Mühe gerecht wurde.

Das heißt keinesfalls, dass der Show Border Collie nur faul in der Ecke liegt. Er ist trotzdem ein sehr intelligenter, aktiver Hund mit durchaus Restpotential an Hütetrieb und „will to please“.

Welcher Typ besser ins eigene Leben passt, muss also im Vorfeld gut abgewogen werden.

Das erste Jahr

Im ersten Jahr durchläuft der Hund viele Phasen und entwickelt sich vom Welpen zum fast erwachsenen Hund. Er wechselt seine Milchzähne zu den bleibenden (ab ca. Mitte/ Ende drittem Monat) und er wird geschlechtsreif. Er hat also sehr komprimiert einige große Veränderungen zu bewältigen. Nicht zu vergessen auch das enorme Wachstum. Der Border-Collie-Welpe wird mit durchschnittlich 300 Gramm geboren und wiegt am Ende des ersten Lebensjahres je nach Geschlecht und Körperbau ca. 15 bis 18 kg.

Meist übernimmt man den Welpen in der Sozialisierungsphase. Ab der achten Woche dürfen die Welpen von der Mutter getrennt werden.

Diese Phase eignet sich sehr, um Neues dazu zulernen und sich schnell an Veränderungen anzupassen. Manche Welpen haben aber genau in der achten Woche eine ängstliche Phase. Das sollte der Züchter berücksichtigen und diesen Welpen etwas später abgeben.

Ein Welpe, der bei seinem Züchter schon mit vielen Dingen vertraut gemacht wurde, hat sicher einen optimaleren Start gegenüber dem, bei dem die Aufzucht deutlich ruhiger und reizärmer abgelaufen ist.

Ab dem Tag, an dem sich Augen und Ohren öffnen (meist der 12. bis 14. Tag), nimmt der Welpe am äußeren Geschehen teil.

Alltagsgeräusche im und um das Haus herum wie Kaffeemaschine, Fön, Kirchenglocken, Rasenmäher etc. sollten dem Welpen genauso geläufig sein wie der Besuch von unterschiedlichen Menschen/Kindern, damit der Umzug kein totales Desaster wird. Je vielfältiger der Züchter vorgearbeitet hat, desto idealer ist das für die Stabilität und das Selbstvertrauen des Welpen. Er ist weniger erschrocken, wenn beim ersten Erkunden im neuen Zuhause z. B. ein Auto am Nachbargrundstück gestartet wird oder ein Baby schreit.

Das ist unbedingt zu beachten:

Der Welpe verliert mit dem Auszug seine Mutter, Wurf-Geschwister, die gewohnte Umgebung und die vertrauten Bezugspersonen. Das bedeutet Stress und verursacht ihm große Angst.

Er wird in einem fremden Auto von fremden Menschen in ein für ihn komplett neues Umfeld gebracht. Nichts ist vertraut und alles riecht fremd.

Um die Autofahrt so angenehm wie möglich zu gestalten, empfehle ich, ihn mit einer erwachsenen

Betreuungsperson auf der mit Decken präparierten Rücksitzbank zu platzieren. Dort kann er sich mal drehen und wenden und sich je nach Temperatur auch mal ausstrecken, was auf dem Schoß des Beifahrers schlecht ginge. Auch der Fußraum ist nicht ideal. Er sieht nur fremde Beine, hinter ihm surrt der Motor und möglicherweise auch das Gebläse.

Je nach Fahrstrecke muss man Pausen einlegen. Bei ein bis zwei Stunden ist es nicht unbedingt nötig. Das ist jedoch abhängig von seinem Verhalten. Meist singen sie anfangs in den höchsten Tönen, was aber auch schnell zur Ermüdung führt. Eine Küchenrolle (falls es ihm schlecht wird) und ein Napf mit Trinkwasser sollten mit an Bord sein.

Falls Sie eine Pause einlegen, wählen Sie einen ruhigen Fleck und nicht unbedingt die Raststätte auf der Autobahn. Der Welpe wird sich dort sicher ungern lösen, da ihm die Geräusche und großen Autos nicht geheuer sein werden. Ich halte sogar mit den erwachsenen Hunden ungern an den Raststätten. Meist sind die kleinen Grünflächen übersät mit Unrat und Essensresten. Kein idealer Löseplatz also für Hunde.

Ist man dann am Ziel angekommen, sollte man dem Welpen wieder zuerst die Möglichkeit geben, sich zu lösen. Gibt es bereits einen Hund im Haushalt, so kommt es darauf an, wie sozial der Hund ist und ob man eine Begegnung im eigenen Garten oder besser auf einem neutralen Platz außerhalb des eigenen Grundstücks wählt.

Welpen neigen dazu, ihr Gegenüber mit „Maulauslecken“ zu beschwichtigen. Das ist hundesprachlich korrekt. Der ältere Hund empfindet das aber meist als lästig und manche reagieren sehr harsch und maßregeln den Welpen hierfür. Das wäre ein ungünstiger Beginn.

Deshalb empfiehlt es sich, mit den Hunden im Garten etwas umherzulaufen, um das ganze Prozedere zu entspannen. Bitte keine aufgeregte Situation herbeiführen und auch mit den eventuell anwesenden Kindern ausdrücklich besprechen. Man sollte sich ruhig und entspannt verhalten. Das ist die günstigste Energie in einer solchen Situation.

Das Autofahren

Nachdem der Welpe einige Tage nur Haus und Garten mitsamt der Bewohner kennengelernt hat, um sich dort neu einzufinden, beginnt man mit täglichen, kleinen Ausflügen. Dazu empfehle ich unbedingt, täglich kurze Strecken Auto zu fahren. Ich höre meistens „O nein, das mag er gar nicht". Ja, das ist auch wirklich eine aufregende Sache und häufig wird es dem Welpen unwohl. Er sabbert und jammert, weil die Situation schon sehr seltsam ist. Es wackelt und brummt und er ist in der Regel irgendwie gesichert, was sie in dem Alter ohnehin unmöglich finden.

Um dem Welpen das Autofahren langsam näherzubringen, beginnt man ein paar Tage lang, den Hund nur im geparkten Auto (entweder in einer geeigneten Box oder am Rücksitz mit Geschirr und Anschnalladapter) zu füttern. Nach drei, vier Tagen startet man den Motor, während er gefüttert wird.

Nach diesen Übungstagen fährt man ein kurzes Stück. Wenn man dann noch an einem schönen Ort parkt und den Welpen mit einem kurzen Spiel und/oder einem kleinen Spaziergang belohnt, wird er nach diesem täglichen Ritual schnell verstehen, dass das Auto kein Monster ist.

Lassen Sie sich von „Gesangseinlagen“ nicht verunsichern. Bei Hartnäckigkeit verstummen auch die größten Opernsänger. Sollte der Hund aber weiterhin stark sabbern oder gar erbrechen, sollte man über einen anderen Platz im Auto nachdenken. Manchmal ist es die Sicht nach draußen, die in der Box fehlt, manchmal wollen sie aber auch lieber in eine Box, wenn sie eigentlich auf der Rückbank sitzen. Das ist individuell und muss einfach ausprobiert werden.

Wenn er nach vier Wochen täglichem Training noch immer sabbert und/oder sich übergibt, könnte man versuchen, das Problem mit Homöopathie mindern. Meine Erfahrung ist: Tägliches Autofahren ist das beste Training. Ich hatte noch nie einen Hund, der es nicht nach einer Weile verstanden hat und dann immer mit Freude mitgefahren ist.

Stubenrein werden

Dies läuft tatsächlich auch nach dem oben beschriebenen Lernschema ab: wiederholen und verknüpfen. Je öfter das Geschäft draußen erfolgreich erledigt wird, umso schneller wird verstanden, dass der Platz dafür im Freien sein soll. Dazu ist es notwendig, den Welpen anfangs einmal pro Stunde und nach jeder Aktivität zum Lösen nach draußen zu bringen, gerne an die ungefähr gleiche Stelle.

Loben Sie ihn, wenn es erfolgreich war. Wenn er abgelenkt ist, weil er gerade einen zwitschernden Vogel am Baum interessanter findet, geben Sie ihm dennoch Zeit. Welpen sind leicht ablenkbar, man muss etwas Geduld aufbringen. Gibt man verfrüht auf, kann es passieren, dass er sich beim Betreten des Hauses auf dem Teppich löst. Bitte schimpfen Sie den Hund dann nicht. Bringen Sie Verständnis auf.

Welpen können anfangs ihre Blase noch nicht so gut kontrollieren. Es ist niemals Vorsatz, wenn er sich im Haus löst. Wenn es zu häufig im Haus passiert, müssen Sie sich selbst überprüfen, ob Sie ihn oft und lang genug nach draußen gebracht haben. Je besser Sie ihn im Auge haben, desto schneller erkennen Sie, wann es dringend wird, ihn hinauszubringen. Kein Welpe ist gleich und jeder begreift anders. Es gibt also keine zeitliche Angabe, wann das Thema abgehakt ist. Fakt ist, es liegt immer am Menschen, nicht am Welpen, wenn es schlecht klappt.

Grenzen aufzeigen

Um dem Menschen verständlich zu machen, warum ein Hund seine Grenzen kennen und Regeln befolgen muss, ist es wichtig zu wissen, dass der Hund als Rudeltier in der Form einer Hierarchie lebt. Das heißt, dass jedes Mitglied seinen festen Platz und seine Funktion im Rudel hat, die er durch seinen Charakter und Wesenszug im ersten Lebensjahr von den anderen Rudelmitglieder zugewiesen bekommt. Man unterscheidet zwei Kategorien: Gefolgshunde und Leithunde.

Wer schon einmal gesehen hat, wie Hunde sich untereinander Grenzen aufweisen und kommunizieren, der versteht, warum manche Mensch-/Hund-Beziehungen problematisch werden können. Es wird körpersprachlich mit Gestik und Mimik geregelt. Ganz selten ist der große Konflikt notwendig.

Natürlich sind wir keine Hunde und können das nicht genauso umsetzen. Das sollte man auch nicht probieren. Anknurren oder Zähne fletschen sollten Menschen tatsächlich nicht, da unser Habitus eindeutig keinen Hund darstellt. Es würde der Hund nicht verstehen. Dennoch kann man als Mensch durchaus gut kommunizieren, wenn man a) lernt, wie das geht und b) seinen Hund lesen kann.

In unserer Welt der Hunde ist der mehr oder weniger geschulte Mensch die Ursache, weil er in verschiedenen Situationen verkehrt, gar nicht oder sogar grob fahrlässig handelt. Einige Konflikte sind somit „hausgemacht“.

Klare Absprachen innerhalb der Familie sind unerlässlich, damit diese Regeln auch von allen gleich ausgeführt werden. Der Hund findet schnell eine „Lücke im System“ und macht sie sich zunutze.

Was erlaubt und nicht erlaubt ist, muss vorher festgelegt werden. Darf der Hund beispielsweise auf die Couch oder nicht, darf er etwas vom Tisch haben, darf er uneingeschränkt alle Räume benutzen oder gibt es Räume im Haus, die tabu sind etc.

Je klarer das durchgesetzt wird, desto einfacher ist es für den Hund, sich daran zu orientieren. Das hat nichts mit Strenge oder Grobheit zu tun. Man kann alles freundlich, aber bestimmt durchsetzen. Anschreien, dominieren oder ein Klaps mit der Zeitung hat in der Hundeerziehung meist nur eine Antwort: Angst und Misstrauen. Das ist keine Option.

Denken Sie daran: Es ist wichtig, dass es Regeln gibt, damit der Hund nicht alles entscheidet und so (je nach Status) lernt, dass er in vielen Situationen allein entscheiden muss, was ihn unter Umständen sehr überfordert. Gerade außerhalb des Hauses, wenn er auf Artgenossen trifft, ist es wichtig, dass Sie die souveräne Führung haben.

Hierfür sind Hundeschulen gerade für Ersthundebesitzer unverzichtbar. Dort wird trainiert, wie man selbstsicher in Alltagssituationen reagiert, damit der Hund ohne Probleme überallhin mitgenommen werden kann. Wenn der Hund merkt, dass er sich auf seinen Begleiter verlassen kann, wird er, ohne zu pöbeln oder ängstlich zu sein, durch dick und dünn mit ihm gehen. Es gibt nichts Angenehmeres, als mit einer durchhängenden Leine und einem entspannten Hund durchs Leben zu gehen.

Ritualisierte Handlungen

Diese sind sehr praktisch, da der Hund sich in der Abfolge orientieren kann, was als Nächstes kommt und sich dementsprechend einstellt. Allerdings muss man das auch immer alles positiv belegen, damit er die kommende Handlung auch akzeptiert und bereitwillig über sich ergehen lässt. Ein Beispiel hierfür ist z. B. das Reinigen der Pfoten, bevor er das Haus betritt. Anfangs legt man ein paar Leckerchen vor ihn und trocknet die Pfoten ab, während er diese aufsammelt. Wenn man zu zweit ist, füttert einer den Hund langsam Stück für Stück aus der Hand, während der andere die Füße säubert. Man kann das natürlich auch mit einem Kommando benennen. Wenn man sehr konsequent dabei ist, dauert es etwa vier bis sechs Wochen, bis so ein Ritual sitzt. Genauso geht es mit dem Bürsten, Abduschen, Krallen schneiden etc.

Wie lernt der Hund?

Wie oben bereits erwähnt, lernt der Hund durch Wiederholung und Verknüpfung. Das betrifft das gewollte Training durch den Menschen sowie die ungewollten Handlungen des Hundes, die aber meist durch eine Konditionierung passieren.

Ein Beispiel hierfür ist, wenn Sie dem Hund jedes Mal ein Stückchen Wurst geben, wenn Sie selbst an den Kühlschrank gehen. Da reicht nur das Geräusch der Kühlschranktür und zack, schon sitzt er neben Ihnen. Das ist schnell begriffen und man muss sich selbst überprüfen, ob man das möchte.

Hat der Hund eine gewollte Übung korrekt ausgeführt, gilt immer, dass die Bestätigung (sei es Futter oder Lob) auf den Fuß zu erfolgen hat (spätestens nach drei Sekunden), sonst kann der Hund sie nicht mehr der Handlung zuordnen. Dazu sehr hilfreich ist das sogenannte Markerwort, auch Brückenwort genannt. Es ist ein kurzes, knappes Wort, welches als Lob eingesetzt werden kann. Und es ist immer die Aussicht auf ein Leckerli. Dies ermöglicht uns auch, einmal etwas verzögert mit Futter zu belohnen, vor allem dann, wenn man gerade nicht in unmittelbarer Nähe des Hundes ist.

Wenn man diese Form der Konditionierung für sich nutzt, hat man schon einen guten Trainingsweg gefunden. Je höher die Motivation am Ende ist, desto schneller und zuverlässiger wird der Hund reagieren. Sprich, erwartet er eine Köstlichkeit, wenn er Ihren Anweisungen folgt, wird er sich eher von einem Spiel mit dem besten Kumpel losreißen, als wenn Sie mit einem langweiligen trockenen Keks winken.

Das übt man anfangs im reizarmen Umfeld, sprich im Garten, und zwar ohne große Ablenkung. Halten Sie die Trainingseinheiten kurz und knapp. Je nach Alter ist die Konzentration begrenzt und wenn man übertreibt, verliert der Hund schnell die Freude am Training. Eine Fünf-Minuten-Einheit ist effizienter, als wenn man ihn eine halbe Stunde mit den immer gleichen Wiederholungen langweilt und er über seine Konzentrationszeit gerät. Was letztlich trainiert wird, ist altersabhängig und obliegt dem eigenen Anspruch. Sicherlich sind die Basics wie „Sitz!“, „Platz!“, „Bleib!“, sowie ein Abruf- und Abbruchkommando die wichtigsten davon.

Durch die Entwicklung des Hundes wird das Training mal besser und mal weniger gut funktionieren. Werden Sie nicht ungeduldig oder gar harsch mit ihm. Bleiben Sie stets beständig und haben Sie einen langen Atem. Versuchen Sie ihn nicht überzustrapazieren, wenn gerade z. B. die dicken Backenzähne durchbrechen und er lieber den ganzen Tag auf irgendetwas herumbeißen will. Dann darf er auch mal „frei“ haben oder Sie gestalten eine andere Form der Beschäftigung. Lassen Sie ihn z. B. einen Futterdummy suchen, aus dem Sie ihn belohnen, wenn er ihn gefunden hat. Loben Sie den Hund, wenn er es richtig ausgeführt hat. Klappt eine Übung nicht, hat er die Arbeitsschritte nicht richtig verstanden und Sie müssen sich überprüfen und evtl. noch ein paar Trainingsschritte zurückgehen. Wichtig ist, dass man nicht zu hastig voranschreitet. Besser ist, präzise mit vielen Wiederholungen zu arbeiten.

Wenn es im Sommer recht warm ist, dann legen Sie die Einheiten auf die kühleren Stunden am Tag. Wählen Sie auch seinen mentalen Zustand so günstig wie möglich. Ein müder, satter Hund ist weniger gut trainierbar, als wenn er ausgeschlafen und frisch ist.

Das Leinebeißen

Fängt man an, den Hund zu trainieren, kommt spätestens jetzt die Leine ins Spiel.

Anfänglich wird sich der Welpe noch mit dem störenden Halsband auseinandersetzen, welches er durch Kratzen loswerden möchte. Das ist aber meist nach ein paar Tagen Gewöhnung erledigt. Ich empfehle, den Hund immer unter Beobachtung zu haben, wenn er ein Halsband trägt, damit er sich nicht im Garten an Sträuchern oder ähnlichem mit dem Halsband festsetzen und verletzen kann.

Wenn Ihr Hund anfängt, in die Leine zu beißen, so macht er das, um ein Spiel zu beginnen und es ist wichtig, nicht darauf einzugehen, z. B. indem man durch Ziehen am anderen Ende versucht, ihm die Leine wieder abzunehmen. Das wäre genau das Spiel, das dem Welpen sehr gut gefallen würde. Auch die Versuche, aufgeregt 10- bis 15-mal die Kommandos „Aus!“ oder „Nein!“ zu rufen, würden seinen Spaß nur verstärken. Ein Abbruchkommando wie “Aus!“ muss erst gelernt werden, um zu verstehen, was es bedeutet. Dann reicht es auch, es einmal, maximal zweimal auszusprechen, damit der Hund versteht und reagiert.

Beißt Ihr Welpe in die Leine, bleiben Sie ruhig stehen und ignorieren Sie Ihren Hund.

Wenn keinerlei Resonanz zum Spiel kommt, ist es schnell zu langweilig für ihn. Hat er aufgegeben, gehen Sie wieder entspannt los und loben Sie ihn, wenn er zehn Meter ohne Übergriffe neben Ihnen hergelaufen ist.

Die gleiche Technik wenden Sie an, wenn der Welpe anfängt, in laufende Hosenbeine oder wedelnde Pulliärmel zu beißen. Verharren Sie ganz ruhig und warten, bis der Welpe nicht mehr zieht. Vielleicht muss man seine Zähne aus dem Stoff befreien. Wenn man ein Spielzeug zur Hand hat, kann man dieses alternativ anbieten. Zugegebenermaßen gestaltet sich das Thema mit Kindern im Haushalt oft schwieriger, da Kinder sich meist unkoordinierter und geräuschvoller von A nach B bewegen und das den Welpen triggert. Das müssten Sie gegebenenfalls kommunizieren und das richtige Verhalten erklären. Wichtig, um das Tabu zu unterstreichen, ist generell, nie Hände oder Kleidung benagen zulassen. Gespielt wird nur mit Hundespielzeug.

Achten Sie darauf, dass die Kinder den Welpen niemals überdrehen. Helle Kinderstimmen sind bei Welpen äußerst beliebt. Je größer das Rumalbern, desto mehr fühlt der Welpe sich angesprochen. In vielen Situationen gibt es zwischen Kindern und Welpen eine hohe Anziehungskraft. Es ist bedeutend, dass die Erwachsenen die Kinder im richtigen Umgang mit dem Welpen/Hund schulen und alle gemeinsam seine Signale richtig zu deuten lernen. Wichtig ist, den Kindern beizubringen, immer ruhig und freundlich mit dem Hund umzugehen. Lautes Geschrei und wildes Gestikulieren können Welpen als Bedrohung empfinden.

An der Leine ziehen

Die Leinenführigkeit kann gleich mit der achten Woche angefangen werden zu trainieren. Hierzu benötigen wir eine Leine und ein passendes Halsband bzw. Geschirr und – wie immer im Training – gut schmeckende kleine Leckerli. Ich persönlich bevorzuge ein Halsband, da ich der Meinung bin, ein Geschirr ist gerade für Zugarbeit ausgelegt und es erleichtert sogar das Ziehen an der Leine. Wenn ich ein Halsband ordnungsgemäß benutze, wird dies zu keinem Schaden des Hundes führen.

Ich beginne immer mit einem wichtigen Kommando, welches in vielen Fällen von großem Nutzen ist. Das ist das Kommando, mich anzusehen. Wie man es benennt, ist jedem selbst überlassen. Ich benutze das Kommando „Schau!“. Dazu geht man in einen reizarmen Raum, um störungsfrei arbeiten zu können. Man wartet, bis der Welpe einen anguckt und gibt sofort ein Leckerchen. Der Welpe wird schnell merken, wenn sonst nichts passiert, ist das Anschauen Mittel zum Zweck, um an ein Leckerchen zu kommen. Somit hat er verstanden und er wird das Verhalten wiederholen. Dann setzt man das ausgewählte Kommando drauf, also beispielsweise „Schau!“. Der Welpe schaut mich daraufhin an und bekommt sofort ein Leckerchen. Das wird natürlich – wie alles – ein paarmal wiederholt, bis sich das Kommando vertieft. Wenn das sitzt, kann man es beim Gehen an der Leine gut einsetzen.

Am besten übt man die ersten Schritte wieder in reizarmem Umfeld, zum Beispiel im eigenen Garten. Nun läuft man an der lockeren Leine zusammen los. Ich benenne auch das Losgehen mit „Los!“. Nun muss man sehr minutiös nach einem oder zwei Schritten loben und mit einem Leckerchen bestätigen, wenn er neben uns bleibt. Dazu müssen Sie nicht stehenbleiben. Nehmen Sie ruhig einige Leckerli in die Hand, die auf der Seite ist, auf der auch der Hund geführt wird, um unkompliziert und rasch sein richtiges Verhalten zu bestätigen. Das wiederholt man nun einige Male. Werden Sie nicht übermütig und steigern die Schritte, ohne zu bestätigen. Er soll lernen, dass es sich lohnt, auf Ihrer Höhe zu bleiben.

Versucht er mich nach ein paar Schritten zu überholen, verwende ich das Kommando “Schau!“. Sieht er mich an, bestätige ich das auch sofort unter dem Weitergehen, achte aber darauf, dass er sich wieder auf meiner Höhe befindet. Man muss sehr minutiös reagieren. Klappt das ein paar Schritte, ohne dass Zug auf die Leine kommt, gehe ich, den Hund hoch lobend, ein paar Schritte rückwärts und gebe dabei zwei bis drei Leckerchen. Dann beginne ich wieder ruhig geradeaus zu gehen.

Bleibt er auf meiner Höhe, fordere ich ihn ebenso mit „Schau!“ auf, mich anzugucken und bestätige sofort bei prompter Umsetzung. Das wird allmählich gesteigert und die Anzahl der Schritte wird täglich etwas erhöht. Das Rückwärts auflösen wird dann auch nicht mehr nach fünf Schritten eingesetzt, sondern individuell nach einigen gut geglückten Einheiten.

Wichtig ist, dass er nur auf meiner Höhe laufen darf. Wir korrigieren das Überholen mit Stehenbleiben und korrigieren den Hund so, dass er sich wieder neben mir befindet. Wobei man sich bemühen sollte, es mit dem „Schau!“-Kommando und dem Rückwärtsspringen gar nicht so weit kommen zu lassen. Wenn ich es im heimischen Garten geschafft habe, dass die Leine locker bleibt und er mich freudig auf Geheiß ansieht, kann man die Reize rings herum erhöhen. Es gibt noch andere Methoden, die ich persönlich erst dann empfehle, wenn es so nicht funktionieren sollte.

Zum Beispiel kann man den Hund, wenn er an der Leine überholen will, mit dem Körper blocken. Das bedeutet, dass man sich in einer 90-Grad-Drehung vor den Welpen stellt und ihn so am Überholen hindert oder ihn mit der Hand blockt. Auch das kann man mit einem Negativ-Kommando belegen. Ich verwende da gerne einen Zischlaut. In der Regel klappt das, aber der erste Vorschlag ist: Bei den Leckerli wirklich auch in die Trickkiste greifen. Man muss herausfinden, was der Hund besonders toll findet. Alles, was mit hoher Motivation geschieht, klappt schneller und besser.

Man wird so nicht ein Leben lang mit seinem Hund spazieren gehen müssen. Man baut diese Hilfe peu à peu wieder ab, wenn man merkt, dass der Hund verstanden hat, an lockerer Leine zu gehen. Trotzdem kann man so den Fokus jederzeit, wenn benötigt, auf sich lenken und hat 100 Prozent Aufmerksamkeit.

Wenn der Jagdtrieb problematisch wird

Der Hütetrieb basiert auf dem Jagdtrieb, das schon mal vorweg. Es heißt, der Border Collie sei ein Hütehund und besäße deshalb keinen Jagdtrieb. Das stimmt so nicht. Anfangs war schon beschrieben, dass gewisse Sequenzen des Jagdverhaltens wie das Anschleichen und Fixieren beim Hütehund verstärkt herausgezüchtet wurden, um dem Schäfer zu nützen. Die anderen Jagdsequenzen sind aber deshalb nicht gänzlich verschwunden. Jeder Hund besitzt einen Beutetrieb. Die hohe Lernbereitschaft des Border Collies macht es lediglich einfacher, ihn anderweitig umzulenken beziehungsweise ihn durch gezieltes Rückruftraining davon zu überzeugen, dass es bei seinem Menschen ebenso toll ist.

Das Rückruftraining beginnt man (wie jede Übung, bei der er sich nicht ablenken lassen soll) im reizarmen Umfeld. Er soll sich nur auf Sie konzentrieren bzw. die ersten Versuche sollen zu 100 Prozent funktionieren. Wenn der Hund/Welpe im Garten schnuppert, rufen Sie ihn mit sehr freundlicher Stimme oder aber mit einem Pfiff. Wählen Sie genau das Kommando, das Sie künftig auch immer nutzen möchten. Es bedeutet für den Hund, bedingungslos auf schnellstem Wege zu Ihnen zu kommen. Benutzen Sie hierfür die allerbesten Guttis. Man muss für dieses wichtige Kommando tief in die

Trickkiste greifen. Je toller die Bestätigung, desto größer sein Antrieb.

Üben Sie das Zurückrufen/Pfeifen mehrmals täglich. Bitte zeigen Sie ihm, wie toll er ist, wenn er zu Ihnen kommt. Bei Welpen empfiehlt es sich, in die Hocke zu gehen. Loben Sie ihn überschwänglich mit freundlicher Stimme und geben Sie ihm die zwei bis drei tollen Leckerli (das können kleingeschnittene Wiener, gekochte Putenbrust oder gekochter Schinken sein). Man kann sogar ein besonderes Spielzeug einsetzen, was dann noch für eine kurze Sequenz gespielt wird. Die Motivation muss wirklich sehr hoch sein, wenn man sich vorstellt, er müsse sich zwischen Ihnen und einem gutriechenden, davonhoppelnden Hasen entscheiden. Wenn diese Übung zuverlässig in Haus und Garten auch schon auf weitere Distanz funktioniert, können Sie das nun auch draußen nutzen.

Bitte denken Sie nicht, dass Sie nur manchmal mit den tollen Leckerlis aufwarten müssen. Dieses Kommando ist so wichtig (wenn nicht das wichtigste überhaupt), dass es sehr lange diese Bestätigung braucht, um im ersten Jahr auch in schwierigen Phasen und bei allen Gelegenheiten immer zu funktionieren.

Ist das Kind schon in den Brunnen gefallen und ist er schon öfter aus Ihrem „Dunstkreis“ zum Jagen entkommen, ist das Training ein anderes und sicherlich schwieriger, da durch das Hinterherhetzen ein Glückshormon-Cocktail im Gehirn freigesetzt wird (Seratonin, Dopamin, Adrenalin), der den Hund in eine Art Rauschzustand versetzt. Diesen „Kick“ will er unbedingt bei der nächsten sich bietenden Gelegenheit wieder verspüren. Das Jagdverhalten ist etabliert.

Das Anti-Jagdtraining basiert auf dem optimalen Gehorsam. Der Hund muss durch häufiges, gezieltes Training dazu ausgebildet werden, bei einem Not- oder auch Super-Rückruf-Kommando zuverlässig umzudrehen. Hierzu gibt es hinreichend Lektüre, die sich ausschließlich mit Jagdverhalten beschäftigt und sehr umfangreich darauf eingeht.

In diesem Ratgeber, der die Problematiken im ersten Jahr beschreibt, sollte es über das beschriebene Rückruftraining gelingen, den Hund gänzlich vom Wildern abzuhalten.

Border-typische Verhaltensauffälligkeiten

Das am häufigsten genannte Problem ist das Hüten von Autos.
Je nach Wohnsituation kann das Hüten von Autos, Motorräder schon mit wenigen Lebensmonaten beginnen. Wenn man täglich (dann natürlich auch mehrfach am Tag) ein Stück an einer befahrenen Straße entlanglaufen muss, kann sich durch das dichte Vorbeifahren und das Abrollgeräusch anfänglich erst ein unsicheres, ausweichendes Verhalten zeigen, welches sich dann aber meist schnell in ein Anfixieren des nahenden Objektes wandelt. Das bemerkt der Hundeführer anfänglich meist nicht und so kann sich daraus das Hüten entwickeln. Dabei senkt der Hund den Kopf ab, alle Sinne sind Richtung Auto/Motorrad gerichtet. Er wird mit der Vorhand etwas abgeduckt warten, bis das Objekt auf seine Höhe kommt, um dann in seine Richtung vorzupreschen. Das kann sich alles extrem steigern, ab und an auch begleitet von Lautäußerungen.

Je zeitnaher der Besitzer hier eine Umlenkung des Verhaltens einleitet, desto weniger tief kann sich das Verhalten etablieren.

Optimal wäre, bereits mit dem Welpen z. B. an einem Supermarktparkplatz zu üben. Man nimmt den Welpen auf den Arm und beginnt das Auto quasi positiv zu belegen. Er lernt so, dass ein Auto und das Motorengeräusch etwas Positives sind. Wenn er am Arm entspannt und sich nicht mehr unsicher verhält, kann man das Training mit ihm auch zu Fuß starten. Achten Sie aber unbedingt darauf, dass Sie ihn nicht bestätigen, wenn er gerade zum Auto blickt. Am besten generiert man gleich ein sehr nützliches Kommando, welches man in vielen Situationen einsetzen kann, das Kommando „Schau!“. Man wartet, bis er in die Augen schaut, sagt „Schau!“ und gibt sofort ein Leckerchen.

Das wiederholen Sie so oft, bis Sie das Kommando hinzufügen und er Sie zuverlässig ansieht. Es ist sinnvoll, das Kommando bereits zuhause zu konditionieren, damit wir es draußen dann auch nutzen können. Generell gilt, dass man mit vielen Wiederholungen und minutiöser Leckerli-Bestätigung arbeiten muss, damit der Hund das Kommando zuverlässig lernt. Das Erlernte sollte immer mal wieder abgefragt werden, damit das Kommando erhalten bleibt, wobei die wichtigen Kommandos ohnehin beim täglichen Miteinander abgerufen werden.

Wenn der Hund aber bereits Anzeichen des Hütens zeigt (Anfixieren, Abducken, Entgegenspringen), muss sofort gehandelt werden.

Erst einmal empfehle ich, wenn möglich, die Straße komplett zu meiden und mit einem reizarmen Training zu beginnen. Das ist zwar je nach Wohnsituation möglicherweise schwierig, wäre aber die beste Ausgangssituation.

Wichtig zu wissen ist, dass sich das Problem nicht von selbst über das Alter löst oder man es mit z. B. einem Korrekturhalsband oder anderen umstrittenen Methoden unterbindet. Ziehen und Rupfen an der Leine sowie verbale Verbote sind ebenfalls nicht zielführend.

Das konstruktive Training

Man sucht sich eine Straße, die nicht besonders stark befahren ist und zu der man in ca. 15 bis 20 Meter Abstand parallel mit seinem Hund laufen kann.

Nähert sich von vorne ein Auto, dreht man den Hund um 90 Grad um und lässt ihn mit dem Rücken zum Auto absitzen. Auf das Kommando „Schau!“ sollte der Hund Sie ansehen. Nun ist wichtig, schnell zu reagieren, wenn er sich z. B. aus den Kommandos „Schau!“ und „Sitz!“ löst, um das Auto wieder anzuvisieren.

Im besten Falle korrigieren Sie ihn sofort und wenn das Auto vorübergefahren ist, bekommt er ein super Leckerchen, das Sie gern auch zum Sitzenbleiben einsetzen dürfen. Dabei halte ich das Leckerchen an die Nase, lasse es mir aber nicht aus der Hand nehmen. Manchmal ist es auch hilfreich, einige andere Kommandos oder erlernte Tricks abzurufen, z. B. Pfote links, Pfote rechts.

Es muss einfach immer eine besonders tolle Ablenkung geben, um ihm klarzumachen, dass immer, wenn ein Auto kommt, ein ganz anderes Training dran ist. Oberste Wichtigkeit ist, dass der Hund währenddessen keine Sicht auf das Auto hat. Das mag anfangs schwierig sein. Je nachdem, wie tief sich das Hüteverhalten am Auto schon etablieren durfte, bis es vom Hundeführer entdeckt wurde.

Letztlich geht es bei dieser Sache um eine Umlenkung. Wir trainieren dem Hund ein Ersatzverhalten an. Das muss sehr lange immer und immer wieder wiederholt werden, bis der Hund von allein diese Übung anbietet, wenn ein Auto naht. Hier heißt es, sehr konsequent zu arbeiten und dem Hund wirklich bei jedem Auto das „neue“ Training anzuwenden. Ich empfehle an Tagen, an denen zu wenig Zeit dafür ist, Straßen gänzlich zu meiden.

Der nächste Schritt ist das Verringern des Abstandes zur Straße. Wir können nun mit der gleichen Konsequenz den Abstand halbieren. Wenn er die Übung verstanden hat, wird das keine große Herausforderung mehr sein. Das macht man einige Tage.

Hier gibt es keine Zeitvorgabe, da jeder Hund und auch jeder Mensch die Übung anders umsetzt und man sicher sein muss, dass der Hund den Ablauf verinnerlicht hat. Lieber einen Tag länger trainieren, bevor man den nächsten Schritt angeht.

Wenn der Hund sich selbstständig beim Erscheinen des Autos zum Menschen wendet und absetzt, ist die Ersatzhandlung schon sehr gut auftrainiert. Allmählich kann man sich mit gleicher Konsequenz wieder auf einem Bürgersteig wagen, der direkt an einer Straße liegt.

Wichtig dabei ist: Wenn etwas noch nicht sitzt, gehen Sie wie gewohnt wieder einen Trainingsschritt zurück, vergrößern den Abstand lieber nacheinander ein paar Tage und vertiefen das bisher Gelernte.

Hat der Hund gelernt, dass ein Auto das Signal ist, mit Herrchen oder Frauchen Spaß zu haben, wird er durch das Training diese Alternative annehmen.
Sie brauchen keine Sorge zu haben, dass Sie ein Leben lang nur noch mit dieser (zeitraubenden) Übung die Straße entlanggehen müssen. Sie können es dann vorsichtig nur auf das „Schau!“-Kommando beschränken. Man sollte das aber ganz langsam und vorsichtig einfließen lassen, nicht, dass der Hund wieder in alte Muster verfällt. Also anfangs nur bei jedem dritten Auto beispielsweise. Wenn die Trainingsschritte alle gefestigt sind, ist das Autohüten schnell Schnee von gestern.

Jogger, Radfahrer, Inlineskater

Das ist nicht nur ein Thema bei Border Collies. Für Hunde ist jede schnelle Bewegung eine Reizquelle. Wie oben schon erwähnt, ist das dem Beuteverhalten geschuldet.

Wenn man städtisch wohnt und häufig Parks als Gassistrecke nutzt, wird man rasch mit dem Thema konfrontiert, dass der Welpe/Junghund sich dem schnelleren Objekt anschließt und einfach hinterherrennt. Es ist fast sinnlos, ihn mit einem Rückruf in diesem Alter zuverlässig wieder zu sich heranzurufen. In diesem Alter ist das Training mit einer Schleppleine fast unerlässlich.

Die Schleppleine und das Training

Nicht nur für Welpen oder junge Hunde eignet sich das Schleppleinen-Training, sondern auch für Hunde, die bereits gelernt haben, eigenmächtig bei jedem Reiz loszustürzen, ohne sich im Geringsten mit ihrem Menschen vorher „abzusprechen“. Es ist ein Training, welches das Ziel hat, den Hund und seinen Menschen auch beim Freilauf in gute Kommunikation zu bringen und somit ein unbeschwertes Miteinander zu haben.

Zunächst muss man unbedingt ein gut passendes Geschirr besorgen und eine geeignete Schleppleine. Hier gibt Unterschiede in Länge und Material. Bei der Länge reichen zehn Meter. Das Material ist Geschmacksache und auch davon abhängig, in welchem Gelände man trainieren will. Nylonleinen sind vielleicht etwas griffiger als Biotane-Leinen. Letztere kann man dafür leichter abwischen und sie verheddern sich nicht so leicht in Gestrüpp oder unwegsamen Gelände. Es empfiehlt sich, bei beiden Materialien Handschuhe zu tragen, um geschützt zu sein, falls der noch untrainierte Hund doch einmal losprescht.

Hat man einen Welpen, wird er anfangs verdutzt sein, dass da plötzlich etwas hinter ihm herschleift. Das kann man drei-, viermal am Tag üben, indem man ihm das Geschirr und die Schleppleine anlegt und mit ihm ein paar Minuten im Garten spielt und Leckerchen suchen lässt. Er wird sich schnell daran gewöhnen.

Beim Training empfiehlt es sich, ein tolles Spielzeug und richtig gute Leckerli mit sich zu führen. Anfangs hält man die Schlaufe fest in der Hand und lässt nun den Hund in diesem Radius einmal umherschnuppern und laufen. Wichtig ist, dass man standhaft an einer Stelle stehenbleibt. Man beobachtet den Hund gut und wartet auf den ersten kleinen Blickkontakt. In diesem Moment ermutigt man den Hund dann sofort, zum Menschen zu kommen. Das macht man parallel verbal z. B. mit hocherfreutem, lobenden „Ja, fein, komm her!" und geht dabei ein paar Schritte rückwärts, um ihn aufzufordern, zu Ihnen zu kommen.

Ist das geglückt, wird er an der kurzen, jetzt mit dem Fuß fixierten Schleppleine (man kann sich einfach draufstellen), ausgiebig gelobt. Damit lernt der Hund: „Wenn ich mit meinem Menschen kommuniziere, lohnt sich das, denn es folgt Leckerchen, Lob oder auch ein kurzes Spiel". Das Fixieren der Leine soll den Hund daran hindern, das Zeremoniell einfach wieder ungefragt aufzulösen.

Sollte der Hund Sie beim Umherlaufen komplett ignorieren, wird er abgerufen und falls er dann nicht kommen sollte, mit der Leine einfach eingeholt. Hier kann man die Motivation erhöhen. Finden Sie heraus, was Ihrem Hund besonders gut mundet und nehmen Sie das zum Training mit. Es bedarf ganz sicher nur einige Aufforderungen, bis er weiß, was von ihm verlangt wird.

Man muss anfangs sehr minutiös bestätigen, damit die kleinen erwünschten Ansätze der Kommunikation sofort belohnt werden und so das Trainingsziel erreicht wird. Das Training hat den Vorteil, dass der Hund lernt, sich später beim Freilauf nur im Radius von Frauchen/Herrchen aufzuhalten, sich visuell an seinen Menschen zu wenden und eben nicht einfach selbstentscheidend loszuspurten, um z. B. andere Hundekumpels zu treffen oder Menschen zu begrüßen.

Der Hund lernt so Grenzen einzuhalten und abzufragen, ob er sich entfernen darf oder eben nicht. Der Aufbau sollte sehr zuverlässig mindestens sechs bis acht Wochen trainiert werden, um das Erlernte auch sicher zu vertiefen. Wenn das sicher klappt, beginnt der nächste Trainingsschritt.

Die Schleppleine wird nun nicht mehr an der Schlaufe gehalten. Endlich bekommt sie die Aufgabe, die ihrem Namen entspricht: Sie wird „geschleppt“. Achten Sie darauf, dass die Schlaufe nirgends hängenbleiben kann. Es gibt Schleppleinen ohne Schlaufen oder Sie schneiden diese einfach ab. Nun sollte alles so funktionieren, als hätten Sie die Schlaufe noch in der Hand. Sollte es nicht so sein, müssen Sie die Schlaufe wieder aufnehmen und noch einige Tage mit Schlaufe trainieren. Jeder Hund ist anders und setzt anders um. Auch der Mensch muss sich hier gut überprüfen, ob er immer konzentriert ist und die Signale seines Hundes wahrnimmt und minutiös bestätigt.

Wenn man nach weiteren sechs bis acht Wochen Nachschlepp-Training zuverlässig mit seinem Hund in Kontakt steht, er also immer abfragt, ob er sich aus dem Radius bewegen darf oder nicht, ist es an der Zeit, die Leine ganz abzumachen. Nun sollte es weiterhin genauso klappen wie mit Leine. Geht es doch schief und der Hund entfernt sich ungefragt, kann man anfangs die Leine kürzen. Dann muss man noch mal in kleinen Schritten trainieren und wöchentlich eine kürzere, sich nachschleppende Leine benutzen, bis zum Schluss nichts mehr dranhängt. Es ist ein langwieriges Training, aber wenn das mal sitzt, hat man einen sehr zuverlässigen Partner an seiner Seite.

Anmerkung, weil schon häufig gesehen: Falsch wäre, die Leine einfach nur als 10-Meter-Auslauf zu nutzen und kein Kommunikationstraining zu generieren. Das würde für den späteren zuverlässigen Freilauf nichts bewirken.

Hundebegegnungen

Hier erfahren Sie, wie man von Anfang an Hundebegegnungen richtig handhabt, ohne schwerwiegende Fehler für das kommende Hundeleben auf den Plan zu rufen.

Diese Arten der Begegnungen gibt es:
- Beide Hunde sind angeleint.
- Ein Hund ist angeleint, der andere freilaufend.
- Beide Hunde sind freilaufend.

Generell gilt: Kein sozialer Kontakt mit angeleinten Hunden. Warum? Durch die Leine entsteht eine gestärkte Zone zwischen dem Hund seinem Menschen. Das kann ein Verhalten deutlich beeinflussen, wenn plötzlich ein anderer eindringt.

Die Hunde können sich nicht so bewegen und annähern wie sie es in unangeleinter, natürlicher Situation täten. Das kann schnell die Gemüter erhitzen und es kann zur Rangelei kommen. Man kann sich vorstellen, was bei dem Leinengewirr und sich bekämpfenden Hunden alles passieren kann. Greifen Sie auf keinen Fall dazwischen! Bewahren Sie Ruhe. Lassen Sie die Leinen fallen, entfernen Sie sich in unterschiedliche Richtungen und rufen laut nach Ihrem Hund (das geht natürlich nur, wenn man nicht gerade im dicksten Straßenverkehr unterwegs ist). Meist hören die Hunde auf, wenn sie die Rückendeckung von ihrem Menschen verloren haben. Wenn die Situation so nicht zu lösen und die Beißerei ernsthaft ist, sollte man versuchen, die Hinterläufe zu fassen zu bekommen und so die Hunde nach oben zu ziehen. In der Haltung wird es schwer sein weiterzukämpfen.

In heimischen Gärten oder wo es eben möglich ist, kann man auch einen starken Wasserstrahl einsetzen, der die zwei Kontrahenten schließlich trennt oder auch große Wohndecken über die kämpfenden Hunde werfen. Zum Glück benötigt man das in den wenigsten Fällen.

In der Regel ist die Art, wie man mit zwei angeleinten Hunden auf einem Gehweg aufeinander zugeht, überhaupt nicht hündisch. Im Freilauf würden Hunde in der Kontaktbegegnung nie frontal gerade aufeinander zugehen. Es wird immer erst ein Halbkreis beschrieben, um in erster Linie das Hinterteil des anderen zu beschnuppern.
Es heißt ja nicht immer, dass etwas passieren muss, aber die Gründe sprechen einfach dafür, es lieber nicht zu tun.
Wenn man unbedingt möchte und das Umfeld es zulässt, kann man sich ja entscheiden, beide abzuleinen.

Trifft man auf einen angeleinten Hund und der eigene läuft frei, so leint man seinen unverzüglich an. Es ist sehr unhöflich, den unangeleinten Hund zum angeleinten hinlaufen zu lassen. Es gibt ja meist einen Grund, warum dieser an der Leine gehen soll. Deshalb diskutiert man darüber nicht, sondern leint einfach seinen Hund ebenfalls an und passiert ihn in ausreichendem Abstand. Dabei führt man den Hund auf der anderen Seite, wie der zu passierende Hund geführt wird. Nach ausreichendem Abstand und der Gewissheit, dass mein Hund nicht doch noch mal hinläuft, kann ich meinen Hund
wieder frei laufen lassen.

Der Hund hat durch die Leine einen gewissen Radius, den er nicht verlassen kann und in dem er eng mit seinem Menschen verbunden ist, der ihm in der Regel, Sicherheit und Schutz bietet. Deshalb empfindet er es auch meist als Belästigung, wenn jemand in seine Schutzzone eindringt. Je nach Wesen kann das zu sehr ängstlichem und unsicherem Verhalten führen oder auch zu aggressivem Verhalten.

Die natürlichste Begegnung ist die mit freilaufenden Hunden. Immer vorausgesetzt, dass es sich um sozial verträgliche Hunde handelt. Dennoch muss der Mensch stets auch ein gutes Auge haben, um gegebenenfalls seinem Hund Schutz zu bieten oder aber ihn, wenn er zu forsch wird, auch mal zu korrigieren. Das spielt in der Mensch-/Hund-Beziehung eine wichtige Rolle. Dazu muss man lernen, Hunde zu lesen.

Hunde checken sich in einer natürlichen Begegnung über die Körpersprache ab. Sie laufen nicht starr aufeinander zu. Sie gehen eher in halbrunden Verlauf, um zur Überprüfung der Genitalregion zu kommen, wenden immer wieder den Blick voneinander ab, urinieren auch eventuell und meist ist dann der weitere Verlauf der Begegnung in Ordnung. Wenn das nicht passt, sieht man es meist daran, dass sich einer starr ablegt und das Gegenüber mit dem Blick fixiert. Der Körper ist steif (friert ein), die Bewegungen werden staksig und die Blicke werden nicht abgewendet. Hier hilft dann nur, sofort den Blickkontakt zu unterbrechen und eine andere Richtung einzuschlagen.

Manche mögen sich, einige tolerieren sich, manche versuchen, einander zu dominieren. Ein Junghund ist bei der Begegnung meist ungestüm und wenig austariert. Er schießt schnell übers Ziel hinaus. Ein entspannter, adulter Hund weicht meistens aus und meistert die Situation mit Gelassenheit. Selbstbewusste Hunde lassen sich das oft nicht gefallen und maßregeln den Jungspund.

Erst einmal ist es wichtig zu unterscheiden, ob ich einen neu eingezogenen Welpen oder bereits einen eingewöhnten Hund spazieren führe. Bei dem Welpen gilt es in erster Linie, ihn vor negativen Erfahrungen in der sensiblen Präge- und Sozialphase zu schützen. Eine Hundebegegnung zuzulassen, vielleicht noch an der Leine, halte ich erst mal für keine so gute Idee. Viele Menschen meinen, dass es den sogenannten Welpenschutz gibt und dem kleinen Schatz ganz sicher kein Haar gekrümmt wird. Leider ist der Welpenschutz aber nur innerhalb eines natürlichen, stets vereinten Rudels relevant.

Die meisten Hunde leben seit Jahren mit ihren Menschen in einem Haushalt zusammen und haben eher selten Kontakt zu Welpen und sind dementsprechend wenig sozial im Umgang mit Welpen. Sie nähern sich unterwürfig und beschwichtigend, lecken wie verrückt den fremden Hund an den Lefzen. Es kann passieren, dass der erwachsene Hund davon genervt ist und den Welpen mit Abschnappen maßregelt und dann ist das Geschrei groß. So eine vermeidbare Situation kann für den Welpen schnell traumatisierend sein und ihn im schlechtesten Fall für sein Leben negativ prägen. Er lernt eventuell, dass ein vom Phänotyp großer, schwarzer, langhaariger Hund in Zukunft am besten zu meiden ist.

Es könnte sich ebenfalls negativ auf Ihre frisch gewachsene Beziehung auswirken, da Sie ihm in dem Moment keinerlei Sicherheit geboten haben. Dies kann im ungünstigsten Fall ein Grundstein für späteres Fehlverhalten sein. Das sollte man mit vielen positiven und richtig geregelten Treffen ausbügeln.

Die Buh-Phase (Spooky Periods)

Diese Phasen können öfter im Leben des Hundes auftreten. Die erste Phase ist im Alter zwischen dem vierten und zehnten Monat, je nach Entwicklung des Hundes. Er findet plötzlich Gegenstände, Situationen oder Menschen seltsam und zeigt sich skeptisch bis ängstlich, manchmal auch unter verbaler Unmutsäußerung. Schon bekannte Alltagssituationen findet er plötzlich wieder befremdlich, verhält sich unsicher und beklommen. Das ist wieder dem Sortiervorgang im Gehirn geschuldet, welches sich Zeit nimmt, um Erlerntes zu segmentieren.

Diese Phase kann drei Wochen andauern. Ein selbstbewusster Hund wird diese Phase ohne bleibenden Schaden überwinden und sich danach wieder gelassener und gefestigter verhalten.

Es bewährt sich, hier Formen der Gegenkonditionierung anzuwenden, die durch Lernen positiven Verhaltens diese Angstsituation verbessern. Man generiert quasi eine Ersatzhandlung. Man erhöht den Reiz, um von dem Angst einflößendem Objekt abzulenken und den Fokus beispielsweise auf sich zu lenken. Die Hilfsmittel sind auch hier wieder Leckerchen, Spielen, positives verbales Feedback. Auf diesem Wege kann man die Phase positiv beeinflussen und eventuell sogar beschleunigen.

Wir wissen bereits, dass der Border Collie zu den Hunden gehört, die eine höhere Cortisolkonzentration in sich tragen als die meisten anderen Rassen. Das wirkt sich auch in dieser Phase aus. Das Stresshormon lässt den Hund leichter erregbar werden. Deshalb ist es wichtig, ihm Ruhe und Entspannung zu bieten. Bleiben Sie stets souverän und ruhig, um das Vertrauen zu Ihrem Hund zu erhalten und ihm Sicherheit zu spenden. Gestalten Sie ein schönes Freizeitprogramm, um ihm und seinem Körper einen guten Ausgleich und Wohlbefinden wiederzugeben. Schöne, ruhige Spaziergänge helfen dabei, Stresshormone schneller abzubauen.

Achten Sie darauf, dass er seine Grundbedürfnisse täglich ausleben darf (z. B. Bewegen, Schnüffeln, geistige Ansprache, Ernährung, Streicheleinheiten, Ruhephasen). Er sollte nicht unter- oder überfordert werden. Langeweile und Reizüberflutung sind beides ebenfalls Stressfaktoren.

Pubertät und Adoleszenz

Diese Entwicklungsphasen gehen fließend ineinander über und sind eng miteinander verbunden. Man spricht gerne nur über die Pubertät, genau genommen sind es aber zwei Phasen.

Die Pubertät erklärt den Zeitraum, in der die Geschlechtsreife erreicht wird. Das beginnt mit dem Gonadotropin Releasing Hormon (GnRH). Es aktiviert die Freisetzung der Geschlechtshormone aus den Geschlechtsorganen. Der Hund hat fortan mehr Interesse an Markierungen und am anderen Geschlecht, hebt das Bein, leckt Urin auf, um mehr Informationen über den Artgenossen zu erlangen, unter anderem auch den Hormonstatus. Das bedeutet aber noch nicht, dass der Hund nun erwachsen ist.

Im Abschnitt der Adoleszenz reift der Hund geistig, körperlich, sozial und emotional und wird so zu einer Persönlichkeit. Dieser Prozess, der eine Großbaustelle im Gehirn verursacht, kann rasseabhängig bis zu 36 Monaten dauern. Bei Rüden dauert es in der Regel länger als bei Hündinnen. Ein kleiner Hund wie z. B. ein Yorkshire Terrier beginnt die Phase früher als ein großer Hund wie z. B. ein Leonberger und ist somit auch schneller mit der Entwicklung zum erwachsenen Hund durch. Die Border-Collie-Hündin ist meist mit ca. 18 Monaten, der

Rüde mit ca. 20 Monaten an diesem Punkt angekommen.

Man hört oft aus Hundeschulen, dass diese Entwicklungsspanne aus erzieherischer Sicht die schwierigste Phase ist. Die Urinstinkte wie Jagen, Angst, Aggression und auch rassetypische Verhaltensweisen wie z. B. das Hüten beim Border Collie sowie das große Interesse am anderen Geschlecht wird häufiger gezeigt. Er reagiert beispielsweise nicht mehr so gut auf den Rückruf wie noch kurz zuvor, er ist auf einmal sehr viel mehr an der Umwelt interessiert, beginnt eventuell mit Ressourcenverteidigung, bekommt ständig andere wichtige Dinge in die Nase, die es verhindern, seinen Menschen bedingungslos wahrzunehmen.

Das hat eine physische Erklärung. Im Gehirn passiert folgendes: Es vergrößert sich in dieser Phase die Amygdala, das ist der sogenannte Mandelkern. Er ist das Bewertungszentrum für die empfangenen emotionalen Reize. Das hat zur Folge, dass Reaktionen jetzt durchaus emotionaler ausfallen können und der Hund eine andere Frustrationstoleranz entwickelt.

Außerdem ist er auch für die aggressiven Reaktionen zuständig. Der Hund wird dadurch in Auseinandersetzungen z. B. risikobereiter und checkt seine Grenzen mehr aus.

So stößt man häufiger auf einen streckenweise impulsiven, ignoranten oder auch überreizten Hund. Das ist je nach Persönlichkeit unterschiedlich stark ausgeprägt. Es sind keine vorsätzlichen Handlungen, sondern ist den großen „Umbauarbeiten" seines Gehirns geschuldet. Millionen Nervenverbindungen werden umgebaut und neu verlegt. Das macht sich im normalen Alltag und im Umgang natürlich bemerkbar. Bleiben Sie freundlich, aber konsequent. Beschäftigen Sie ihn mit Dingen, die ihm Freude machen und bestehen Sie nicht täglich auf hoher Dressur.

Grenzen allerdings müssen beständig bleiben, damit er seine geradlinige Führung behält. Die ist für die weitere Entwicklung notwendig. Helfen Sie ihm, seine Persönlichkeit zu finden. Unterbinden/korrigieren Sie jedoch ungehaltenes, gereiztes Verhalten Artgenossen gegenüber. Neu entwickelte Ängste, die meist aus Unsicherheit heraus resultieren, müssen durch gezieltes Training wieder eliminiert werden. Ist man in dieser Phase ungeduldig oder gereizt, wird die Vertrauensbasis bröckeln. Sie werden sicher zwischendrin auf eine harte Probe gestellt werden, wenn er mal wieder die Ohren auf Durchzug stellt und keine bereits gelernte Kommandos befolgt. Halten Sie durch und haben Sie ein wenig Nachsicht, dass es manchmal nicht auf Anhieb klappt. Ist die Phase abgeschlossen und alle „Baustellen“ wurden beseitigt, sind Sie zu einem guten Team zusammengewachsen. Freuen Sie sich nun auf ausgeglichene, beständige Zeiten.

Pflegetipps

Es empfiehlt sich, den Hund von Anfang an zu pflegen. Hierzu gehört das Bürsten. Außerdem müssen die Ohren und Augen auf Verschmutzungen und Entzündungen kontrolliert und gegebenenfalls gesäubert werden. Erfahrungsgemäß neigen Border Collies nicht zu Ohrenentzündungen, aber dennoch sollte es als Vorsichtsmaßnahme eingebaut werden. Zur Reinigung gibt es Reinigungsmittel und Tücher. Beachten Sie die Anleitung, um das Innenohr nicht zu verletzen.

Im ersten Jahr kann es zu Augenentzündungen kommen. Meistens ist es eine Bindehautentzündung, die man mit einer Salbe oder Tropfen vom Tierarzt schnell wieder in den Griff bekommt. Hin und wieder kann es zu einer juvenilen Konjunktivitis kommen. Das ist eine gutartige Entzündung der Bindehaut, die man aber nicht so schnell beheben kann. Es bilden sich auf der dem Auge zugewandte Fläche der Nickhaut kleine Knötchen. Das Immunsystem ist noch untrainiert und die kleinen Lymphfollikel im dritten Augenlid schwellen an. Das Augenlid wird sehr gereizt und kann nicht mehr optimal geschlossen werden. Der Hund hat farblose oder gelbliche Tränenausflüsse und das Gefühl, als befände sich ein Fremdkörper in den Augen. Deshalb reibt er häufig das Gesicht auf dem Teppich oder benutzt hierfür auch seine Pfoten. Oft kneift er ein oder beide Augen zu.

Früher schabte man die Bläschen unter Narkose aus (Kürettage). Man sieht heute davon ab, da sich dadurch Narbengewebe bilden kann, welches fast die gleichen Symptome hervorrufen kann.

Wichtig ist, jegliche zusätzliche Reizquellen wie Staub, Pollen, Zugluft zu vermeiden und mit Tropfen oder Salben des Tierarztes gegen die Symptome anzukämpfen. Wie erwähnt ist das noch nicht ganz hochgefahrene Immunsystem dafür verantwortlich. So beobachtet man auch bei Nichtbehandlung, dass die Beschwerden irgendwann von allein abklingen. Ich persönlich bin aber der Meinung, dass man unbedingt für eine Linderung sorgen sollte. Jeder, der schon mal eine Entzündung an den Augen hatte, weiß, wie unangenehm das ist.

Des Weiteren sollte man von klein auf die Pfoten kontrollieren, um die Krallen mit einer scharfen Krallenschere gegebenenfalls zu kürzen, ebenso die Haare zwischen den Ballen. Grundsätzlich sind sie ein Schutz, aber im Laufe der Zeit wachsen sie etwas üppig und es setzt sich viel Dreck hinein. Dazu benutzt man am besten eine gebogene Pfotenschere, um den Hund nicht zu verletzen.

Die Krallen lässt man entweder vom Tierarzt oder Hundefriseur kürzen. Es ist zu beachten, dass im Inneren der Kralle die Versorgungsbahn verläuft, die nicht verletzt werden darf. Bei weißen Krallen sieht man das sehr gut. Bei einer schwarzen Kralle leider nicht. Deshalb ist Vorsicht geboten. Bei Verletzung blutet es und ist meist schwer zu stoppen, da sich im Horn die Kapillare nicht wie im Bindegewebe zusammenziehen können. Hier kann man mit Blutstiller arbeiten oder Kernseife, die man in die verletzte Kralle drückt. Zur Not lieber einen Profi ans Werk lassen.

Manche Hunde nutzen sich die Krallen aber auch natürlich ab, sodass man darauf gänzlich verzichten kann. Man kann das gut überprüfen: Wenn der Hund entspannt auf glattem Boden steht, sollten die Krallen keinesfalls mit der Spitze den Boden berühren. Das hätte zur Folge, dass die Zehen beim Laufen ständig unnatürlich nach oben gestaucht würden. Langfristig würde das Schmerzen bereiten.

Zum Bürsten eines Welpen nehme ich eine weiche Bürste. Wie bereits weiter vorne beschrieben, ist es anfangs wichtig, dass man in einem ruhigen, entspannten Zustand mit dem Bürsten beginnt, mit langen, behaglichen Strichen, um ihm zu zeigen, dass dies etwas Angenehmes ist.

Bei einem erwachsenem Fellkleid nehme ich eine sogenannte Zupfbürste. Sie hat viele kleine Nadeln, die in der Mitte gebogen sind. Man bekommt damit auch im Fellwechsel die ganze Unterwolle heraus. An den empfindlichen Stellen, wie um den Kopf herum und unter den Achseln, benutze ich einen Metallkamm.

Achten Sie darauf, dass Sie immer auch gut hinter den Ohren kämmen. An dieser Stelle neigen die Hunde dazu, kleine Verfilzungen zu generieren. Auch die Hosen (die lange Behaarung links und rechts neben der Rute) sollte man aufgrund der Üppigkeit regelmäßig und sorgfältig durchkämmen, ebenso die Fahnen (lange Behaarung an den Vorderläufen) und natürlich die Rutenbehaarung.

Wenn trotz aller Bemühungen doch einmal verfilzte Stellen auftauchen, könnte man ein Entfilzungsspray aus dem Fachhandel verwenden, um die Verknotungen wieder zu entwirren. Nur in Ausnahmefällen sollte man die Schere ansetzen. Einen Furminator lehne ich ab, da man durch die darin befindlichen Klingen eben auch das Haar schneiden und es so in seiner Funktion sehr einschränken würde.

Und es gibt an dieser Stelle noch ein ganz großes Thema: Immer häufiger sehe ich komplett geschorene Border Collies.

Sicher meinen die Besitzer es gut für ihren Schützling. Im Sommer, wenn es heiß ist, mit dem dicken Fell herumzurennen, erachten sie als Last. Also runter mit der Wolle. Dass aber der Hund genau dadurch erst so richtig Probleme bekommt, ist ihnen nicht bewusst. Die Haut des Border Collies ist nicht dazu gemacht, ohne Schutz zu sein. Deshalb hat er ein Fell, das einem System unterliegt und ihm diesen wichtigen Schutz bietet. Schert man es ab, ist die Haut nicht nur schutzlos, sondern in einigen Fällen kann es sogar sein, dass das Haar nicht mehr oder nur teilweise nachwächst (Post-clipping-Alopezie). Das stärkere, stabile Deckhaar (auch Grannenhaar genannt) bewahrt die Haut vor massiver Sonneneinstrahlung, leitet Regen ab, schützt vor stacheligem Gestrüpp sowie übergriffigen Artgenossen und wärmt den Hund bei Kälte.

Die sogenannte Unterwolle ist weicher und von flauschiger Struktur. Sie kommt nur partiell vor und wird je nach Temperatur und Tageslichtlänge mehr oder weniger. Ergo hat er im Sommer weniger Unterwolle und im Winter mehr und ist damit optimal geschützt.

Wichtig ist das regelmäßige Ausbürsten der Unterwolle, damit sich diese sich nicht verknotet und verfilzt. Hunde, die viel im Haus gehalten werden, entwickeln generell weniger Unterwolle.

Wenn Hunde aus medizinischen Gründen geschoren werden müssen, ist dies natürlich unumgänglich.

Schlusswort

Ich hoffe, dass ich Ihnen, liebe Leserin, lieber Leser, einen Ratgeber an die Hand geben konnte, der einen guten Beistand in der Erziehung Ihres neuen Freundes bietet und Ihnen Aufschluss über die Entwicklungsphasen des Welpen und heranwachsenden Hundes geben konnte.

Ich wünsche allen viel Freude bei der Ausbildung und immer das nötige Einfühlungsvermögen und Freude am Tun.

Für alle diejenigen, die weiteres Interesse haben – hier bin ich zu finden:

Website: www.border-collies-of-cleverland.de

Facebook: Stephanie Klug (Border Collies of Cleverland)